青少年科普故事系列

周爱农 主编

西北工业大学出版社

图书在版编目(CIP)数据

趣味地球科学故事/周爱农主编.—西安:西北工业大学出版社,2013.3(2015.5重印)

(青少年科普故事系列)

ISBN 978-7-5612-3651-2

Ⅰ.①趣… Ⅱ.①周… Ⅲ.①地球科学—青年读物 ②地球科学—少年读物 Ⅳ.①P—49

中国版本图书馆 CIP 数据核字(2013)第 062138 号

青少年科普故事系列·趣味地球科学故事　　　　　　周爱农　主编

出版发行:西北工业大学出版社
通信地址:西安市友谊西路 127 号　　邮编:710072
电　　话:(029)88493844　88491757
网　　址:www.nwpup.com
印　　刷:陕西宝石兰印务有限责任公司
开　　本:710mm×1 000mm　　1/16
印　　张:10
字　　数:156 千字
版　　次:2013 年 10 月第 1 版　　2015 年 5 月第 2 次印刷
定　　价:20.00 元

前　言

地球科学是一个大题目，纵横几万里，上下几十亿年，几乎辐射到自然科学的各个领域。它不但包括地理学，还包括地质学、海洋科学等很多分支学科。这样，从地球的诞生到大气圈、生物圈、水圈、岩石圈都成了它的研究对象。

随着研究的深入，人们发现，地球也经历了从无到有、从简单到复杂的一个发展过程。七大洲、四大洋就是在这漫长的地质年代里诞生的。地球上的生物则由海洋发展到陆地，由简单到复杂、由低级到高级，最终出现了我们人类。

地球母亲除了孕育出人类之外，还塑造了许许多多的自然奇迹，它们是地球历史发展的见证。经过了几亿甚至长达几十亿年的演化之后，以其神奇和瑰丽多姿的景观吸引着无数的人们，成为人们进行科学研究、旅游和探险的胜地，如巴林杰陨石坑、青藏高原、维苏威火山、撒哈拉沙漠，等等。这些自然奇观，大部分是一个国家和民族文化的象征，也是让我们获取知识的重要实物教材。

如今，地球科学的任务已经不再是单纯地了解地理环境和对于地形、地貌的描绘，而是要和现代社会科学结合起来，两者相辅相成地共同解决当前人类社会面临的可持续发展的重要课题。这主要包括对人类生存环境的保护，资源的合理开发和利用，等等。因此，学习和研究地球科学具有重大的意义。

深入了解地球的演变、掌握世界自然地理特征以及人文地理的历史是很困难的，因为它涉及语文、数学、物理、化学、生物等多门知识。但我们可以通过大量的阅读，以循序渐进的方式，来掌握这些知识。

《趣味地球科学故事》是《青少年科普故事系列》的一个分册，共收录了 57 篇生动有趣、短小精悍的地理故事。这些故事分为重大地理发现、科学家的故事以及学科猜想三大部分。读者对象是初中学生和阅读能力较强的小学高年级学生以及广大自然科学爱好者与学生家长。为了增强趣味性和可读性，本书努力从讲故事入手，逐渐引入科学主题。文中附有多幅插图，便于读者理解。另外，本书将最新的科学发现和技术成果收入书中，使青少年读者在系统地学习基础科学知识的同时，又能了解有关高新科技知识。相信通过对这些知识的了解，读者可以对自己生活的这个地球有进一步的认识，并且对自然地理景观有一个全新的认知。现在，请跟随本书一起走进地球母亲的怀抱吧！

编　者

2013 年 1 月

目　录

重大地理发现

科学家的故事

学科猜想

重大地理发现

我们的家——地球

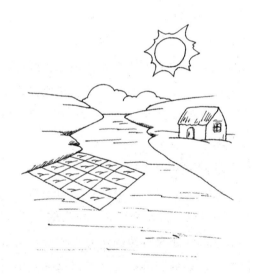

对于人类而言，地球很大很大，但是，对于地球所在的太阳系来说，它只是一个小兄弟。在太阳系的 8 颗行星中，论大小，地球虽然比水星、金星、火星稍大，却又远不如木星、土星、天王星、海王星的规模。论质量，它只有木星的 1/318，土星的 1/95，天王星和海王星的十几分之一。不论从哪个方面来看，地球都是 8 颗行星中一颗普通的行星，但它有许多方面都是独一无二的：它是太阳系中唯一一颗表面大部分被水覆盖的行星，也是目前所知唯一一颗有生命存在的行星。

在很早很早以前，地球上并没有土壤，那时，到处都是光秃秃的岩

趣味地球科学故事

石、山峰以及浩瀚的海洋。白天，太阳把地球上的岩石晒得很热；晚上，凉风机械地吹着，大地毫无生机。直到第一个具有完整生命特征的化能自养细菌出现之后，大地才从沉睡中苏醒过来。这种细菌的本领很大，分泌的酸能使坚硬的岩石分解，并从岩石分解过程中得到能量和养分。虽然得到的能量和养分很少，但它们能生活得很好。化能自养细菌的寿命很短暂，由于它们生生死死，就在岩石的缝隙中或岩石的风化物里积累了有机质。日久天长，积累的有机质越来越多，这就为异养型细菌的出现创造了条件。这些异养型细菌能分解有机质，并能释放出很多的二氧化碳和氮气。随着二氧化碳在自然界的增多，就为绿色植物的出现创造了条件。植物出现后，地球披上了绿装，成为太阳系里唯一的"绿洲"。此后，爬行类动物登场了，恐龙是这个时代的霸主。大约在 7000 万年前，地面上又发生了翻天覆地的变化。沼泽干涸，山脉隆起，寒冷干燥的空气横扫大地，多汁的羊齿植物逐渐枯死，不可一世的恐龙适应不了环境的巨变，最终灭绝。哺乳动物继承了这座江山，其中的一支作为人类远祖的灵长类，就是在 6000 万年前出现的。从这些早期的灵长类发展出猿、猴，还有人。

人类的起源可上溯到 300 万年前，当然他们不是现代的人，而是猿人。在生存斗争中，他们逐渐学会了根据自己的意图制造并使用简单的工具。人没有翅膀，却可以飞得比鹰更高；没有鳍，却可以在水面航行；没有厚软的柔毛，却可以到冰天雪地的南北极探险；没有锐利的牙齿和爪子，却可以对付任何凶猛的野兽。人之所以这样坚强有力，就是因为人能够制造工具并使用工具。此外，人类具有完全直立的姿势、复杂而有音节的语言以及特别发达、善于思维的大脑。人类从一般的生物中脱颖而出，跃居生物世界的"主宰"地位。此后，人类用不断增长的知识和技能去利用和驾驭自然。慢慢的，地球上就出现了其他行星所没有的景象：沟渠纵横阡陌相连的田野、熙熙攘攘的城镇、马达轰鸣的工厂和矿山……然而，当人类陶醉于自己创造的辉煌成就时，却发现地球为人类创造的良好生存环境已经遭到了严重破坏。近 200 多年，是人类社会大发展的时期。但与此同时，人类已发现这个世界变得越来越拥挤，生存的环境也越来越恶劣。但愿人类能够警醒，人人动手保护环境，珍爱唯一的家园。

智慧人生

　　随着科学技术的日益进步，人类明白了自己与自然界的关系：你不尊重它的必然性，违背它的规律，它就会给你以无情的惩罚；而一旦你认识了它的必然性，按照它的规律办事，它就会给你以丰厚的回报。人类应该管理好自己，因为家园只有一个，毁灭家园就等于毁灭了人类自己。

两种不同学说："地心说"与"日心说"

人生存在地球之上，因此，总是站在地球上去认识宇宙天体。古时候，由于受到技术手段的限制，对宇宙天体难以作出科学的解说。"地心说"就是在这种情况下产生的。

所谓"地心说"就是认为地球固定不动，位居宇宙中心的学说。这个学说早期的代表人物是公元前4世纪的亚里士多德。到了公元2世纪，天文学家托勒密在前人地心假说的基础上，集其大成，形成了"地心说"理论。托勒密认为，地球处于宇宙中心静止不动。从地球向外，依次有月球、水星、金星、太阳、火星、木星和土星，在各自的圆轨道上绕地球运转。其中，行星的运动要比太阳、月球复杂些：行星在本轮上运动，而本轮又沿均轮绕地运行。在太阳、月球之外，是镶嵌着所有恒星的天球——恒星天。再外面，是推动天体运动的原动天。

地心说是世界上第一个行星体系模型。尽管它把地球当作宇宙中心是错误的，但是它的历史功绩不应抹杀。地心说承认地球是"球形"的，并把行星从恒星中区别出来，着眼于探索和揭示行星的运动规律，这标志着人类对宇宙认识的一大进步。地心说最重要的成就是运用数学计算行星的运行，托勒密还第一次提出"运行轨道"的概念，设计出了一个本轮—均轮模型。按照这个模型，人们能够对行星的运动进行定量计算，推测行星所在的位置，这是一个了不起的创造。在一定时期里，依据这个模型可以在一定程度上正确地预测天象，因而在生产实践中也起过一定的作用。由于地心说符合统治阶级和教会的利益，得到了广泛的传播和发展，一度成为天文学的经典理论，占据统治地位1000多年。

在十五六世纪，社会生产力的提高和航海事业的发展推进了对天象的观测，人们对宇宙的认识开始发生革命性的改变。1543年，波兰天文学家哥白尼出版了他的不朽著作《天体运行论》，提出了太阳中心说。他认为：地球不是宇宙的中心，太阳是宇宙的中心，行星都围绕太阳运转；地球是围绕太阳运转的一颗普通行星，本身在自转着；月球是地球的卫星，地球带着月球绕日运行；行星在太阳系中的排列次序是土、木、火、地、金、水，它们的绕日周期分别是30年、12年、2年、1年、9个月、88天。

哥白尼的学说基本上是建立在目测的观察结果上的，尽管不那么尽善尽美，但比较合理地解释了行星的不规则运动及其他天体的运动现象，摧毁了地球居于宇宙中心是上帝安排的神学宇宙观，给宗教神学以沉重的打击。因此引起教会的惊恐和不安，《天体运行论》也被罗马教廷列为禁书。后来，杰出的唯物主义思想家布鲁诺为宣传、捍卫日心说，反对地心说，被教会判火刑，活活烧死在罗马百花广场。

德国天文学家开普勒是哥白尼日心说的坚决拥护者。他经过十几年的艰苦工作，发现了行星运动的三大定律：轨道定律、面积定律和周期定律。这三条定律的发现，在理论上证明和发展了哥白尼学说。因此，开普勒被称为"天空立法者"。

伽利略是科学革命过程中以及近代科学史上的一位关键性人物，在人类对宇宙的探索上起了重要作用。1609年，伽利略把自制的望远镜指向了天空，发现了月球上的山脉和环形山；发现了银河是由许许多多的恒星构成的；次年发现了木星的四颗卫星。后来他又发现了金星的相位，说明行星也和地球一样，是被太阳照亮的。这些发现为哥白尼的日心说提供了有力的证据。伽利略的发现和积极宣扬，使哥白尼的日心说日渐深入人心，影响越来越大。最终，伽利略于1633年受到宗教裁判所的审判，并被判处终身监禁。

牛顿是英国的天才科学家，兼长数学、天文学和物理学，最终由他将哥白尼、第谷、开普勒和伽利略的杰出成就与不懈努力统一建构起来，形成了完整的体系。1666年，年仅24岁的牛顿就发现了万有引力定律。1687年，出版了他的不朽巨著《自然哲学的数学原理》。在这本书中，牛顿证明了作轨道运动的物体如果遵从开普勒三定律，必然受到万有引力

作用，反之亦然。他还提供了非常可靠的观测数据，用以说明行星绕太阳的运动，以及卫星绕行星的运动都符合开普勒第三定律。牛顿还讨论了潮汐现象、月球轨道、地球形状和彗星等问题。最终，牛顿把天体和地球统一起来，结束了无休止的宇宙学争论，向人们展示了一个全新的世界。

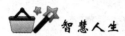 智慧人生

　　人类社会的进步都是在追求真理的过程中获得的，但真理的探索从来就不是一条平坦的道路。日心说从被提出到最终为世人接受，期间的斗争一直持续了3个世纪。最终，真理战胜了谬误。从此，日心说成为人类认识宇宙的重要里程碑，它既是一段人类了解自然、改造自然的重要历史，也是人类发现、认识真理的一次跨越。

地球源自何处

　　古代人们就曾探讨了包括地球在内的天地万物的形成问题，在此期间，逐渐形成了关于天地万物起源的"创世说"，其中流传最广的要算是《圣经》中的创世说。在人类历史上，创世说曾在相当长的一段时期内占据了统治地位。自 1543 年波兰天文学家哥白尼提出了日心说以后，天体演化的讨论最终突破了宗教神学的桎梏，于是，科学家们开始了对地球和太阳系起源问题的真正科学探讨。

　　1644 年，著名的法国哲学家、数学家、物理学家笛卡儿在他的《哲学原理》一书中提出了第一个太阳系起源的学说，他认为太阳、行星和卫星是在宇宙物质涡流式的运动中形成的大小不同的旋涡里形成的。一个世纪之后，法国博物学家布丰在他的《自然史》中提出第二个学说，他认为：一个巨量的物体，假定是彗星，曾与太阳碰撞，使太阳的物质分裂为碎块而飞散到太空中，形成了地球和行星。事实上由于彗星的质量一般都很小，所以不可能从太阳上撞出足以形成地球和行星的大量物质。在布丰之后的 200 年间，人们又提出了许多学说，这些学说基本倾向于笛卡儿的"一元论"，即太阳和行星由同一原始气体云凝缩而成。也有"二元论"观点，即认为行星物质是从太阳中分离出来的。1755 年，著名德国古典哲学创始人康德提出"星云假说"。1796 年，法国著名数学和天文学家拉普拉斯在他的《宇宙体系论》一书中，独立地提出了另一种太阳系起源的星云假说。由于拉普拉斯和康德的学说在基本论点上是

一致的，后人称两者的学说为"康德－拉普拉斯学说"。整个 19 世纪，这种学说在天文学界一直占有统治的地位。

到 20 世纪初，由于康德－拉普拉斯学说不能对太阳系越来越多的观测事实做出令人满意的解释，致使"二元论"学说再度流行起来。1900年，美国地质学家张伯伦提出了一种太阳系起源的学说，称为"星子学说"。同年，美国天文学家摩尔顿发展了这个学说，他认为曾经有一颗恒星运动到离太阳很近的位置，使太阳的正面和背面产生了巨大的潮汐，从而抛出大量物质，逐渐凝聚成了许多固体团块或质点，称为星子，星子进一步聚合成为行星和卫星。现代的研究表明，由于宇宙中恒星之间相距甚远，相互碰撞的可能性极小，因此，摩尔顿的学说不能使人信服。

20 世纪中期兴起的新的星云说，是在康德－拉普拉斯学说基础上建立起来的更加完善地解释太阳系起源的学说。通过这一学说，我们可以对形成原始地球的物质和方式给出如下可能的结论：大约在 50 亿年前，银河系里弥漫着大量的星云物质，它们因自身的引力作用而收缩，在收缩过程中产生的漩涡，使星云破裂成许多"碎片"。其中，形成太阳系的那些碎片，就称为太阳星云。实际上，太阳星云只是一团尘、气的混合物。太阳星云中含有不易挥发的固体尘粒，这些尘粒在运动中不断碰撞，相互结合，形成越来越大的颗粒环状物，并开始吸附周围一些较小的尘粒，从而使体积日益增大。当它的体积增大到再也不会因碰撞而破裂时，便成为星子。星子在运动过程中仍在不断地吸附周围的尘粒，最终形成更加巨大的星子，称为"星胚"，这就是地球的前身。地球星胚在一定的空间范围内不断地运动着，并将周围的星子一个一个地"吃掉"，不断地壮大自己，于是，原始地球就形成了。但原始地球同我们现在的地球还不完全一样。在原始地球上，温度较低，各种物质混杂在一起，没有明显的分层现象。后来，随着地球温度的逐渐升高，地球内部物质产生了越来越大的可塑性，且有局部熔化的现象。这时，在重力作用下，物质开始分层，地球外部较重的物质逐渐下沉，内部较轻的物质逐渐上升，一些重的元素沉入地球中心，形成密度较大的地核。物质的对流伴随大规模的化学分离，最后地球逐渐形成现今的地壳、地幔和地核三个圈层。

地球形成之初温度较低，各种物质混杂一起。后来，由于地壳运动引起火山爆发与强烈地震，逐步形成高山、丘陵、平原。太阳的辐射，使地球温度慢慢升高，地球内部物质的化学作用，使地壳放出大量二氧化碳、甲烷、氮气、水蒸气等，这些气体上升到地球外部，形成大气层。水蒸气在高空遇到冷气流后，便形成了降雨。地球受大量雨水冲击，在低洼处汇成海洋、湖泊、河流，于是也就有了植物、动物和人类。经过几十亿年的演变，地球才成为了今天这个样子。

 知识链接

恩格斯认为星云说是从哥白尼以来天文学取得的最大进步。现在人们已能用星云说比较详细地描述地球乃至太阳系的起源过程，但还有很多具体问题未能很好解决，有关地球形成的研究还在继续。

地球年龄之不同观点

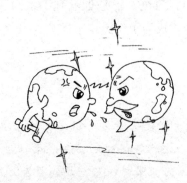

　　地球有多大岁数？从人类的老祖先起，人们就一直在苦苦思索着这个问题并为此展开了长达一千多年的争论。

　　在漫长的地质年代里，地球上曾经生活过无数的生物，这些生物死亡后的遗体或是生活时遗留下来的痕迹，许多都被当时的泥沙掩埋起来。在随后的岁月中，这些生物遗体中的有机物质分解殆尽，坚硬的部分如外壳、骨骼、枝叶等与包裹在周围的沉积物一起石化变成了石头。我们把这些石化的生物遗体或遗迹就称为化石。最早认识化石的是生活在公元前6世纪的古希腊哲学家色诺芬尼，他在当时就已经推测化石是生物的遗迹。后来的古希腊哲学家据此推断世界极其古老，甚至是无始无终存在着。但是在基督教在西方占据统治地位之后，这种世界观便成了异端。17世纪的时候，一位英国大主教根据《圣经》推算出上帝在公元前4004年创造世界。于是，当时人们都普遍相信世界只有几千年的历史，最多不超过一万年。既然世界的历史如此短暂，那么化石就肯定不会是生物体经历了长期的历史过程而留下的遗迹，而只能认为它们是和生物体没有任何关系的自然形成的石头图像。为此，科学家与神学家的争论持续了大约300年。15世纪，著名的大科学家达·芬奇坚决主张化石是古代生物遗迹，并认为海洋曾覆盖过意大利。他认为，古代动物的遗体被深埋在海底，在后来的某个时候，海底隆起高出海面，形成了意大利半岛。这一观点为化石的研究打下了牢固的基础并逐渐形成一门科学。从那时起，化石对于地质学家越来越重要了。

　　到了17世纪下半叶，几名博物学家先后令人信服地证明了化石必定是生物体的遗迹，那么如何解释遗留在山上的海洋生物化石，便成了难题。当时有人认为，化石中的生物是在《圣经》记载的诺亚大洪水中灭亡的，那几名最早证明化石是生物体遗迹的博物学家都持这样的观点。但这个理论在发现化石是分层分布的之后，就被彻底地粉碎了。仅仅一次大灾难，如何能使化石形成分层分布，而且每一层都有独特的动物和植物？

到了18世纪，地质学家已经认识到有两类岩石，一类是由火山喷发出的熔岩和火山灰形成的火成岩，另一类是泥沙在河里、海里沉淀后逐渐形成的沉积岩。火成岩是不分层的，也几乎不含化石，而沉积岩是分层的，每一层都含有独特的化石群。由于沉积岩是逐渐沉淀形成的，那么很显然，越往下的岩层，年代越久远，这样，通过比较岩层的顺序，就可以知道岩层及其化石群的相对年龄。于是19世纪初，地质学家开始系统地研究岩层的矿物组成和化石群，其中最早的一位研究者是英国地质学家史密斯。一次，他在勘测运河期间，发现每一特定年代的地层都有独特的化石特征，因此可以反过来根据化石特征来鉴定地层。这样就可以把不同地方的地层分布联系起来。尽管当时的地质学家没法测定地层的绝对年龄，但是他们知道，要形成这么厚的地层，必然经过了极其漫长的时间，因为泥沙的沉积速度是非常缓慢的。因此，《圣经》的记载肯定错了，地球有着比它所说的还要漫长得多的历史。

19世纪，地球的年龄问题不仅吸引了地质学家和生物学家的注意，而且也引起了物理学家的兴趣。最先计算地球年龄的物理学家是德国的亥姆霍兹，他在1854年假定太阳的能量来自引力收缩，通过太阳散失热能率计算出太阳能的总量只够它消耗两千多万年，而地球的年龄不会大于这个数字。在热力学方面极有建树的科学家开尔文利用热传导理论计算出地球的年龄为2千万年到4千万年。

地质学家估算出的关于地球年龄的大部分数据都超过2亿年，而物理学家计算出的大部分只有几千万年。于是，在1868年的格拉斯哥地质学会上，双方的争论开始了。开尔文在这次会议上说："地质学理论中一场重大的改革，现在看来变得必不可少了，目前英国流行的地质学和自然哲学的原理是直接对立的。"这里，开尔文所说的自然哲学指的就是物理学，所谓直接对立，说的就是物理学家与地质学家在地球年龄问题上的不同意见。在1869年的伦敦地质学会上，英国生物学家赫胥黎在主席致辞时对开尔文的批评给予了答复。他指出：地质学的证据像物理学的

证据一样有效，而在地质学与物理学的直接对立中，可能是物理学家搞错了。赫胥黎还直接把反击的目标对准了开尔文，他觉得开尔文的工作所依据的理论和资料都是有问题的，"数学方法公认的精确性并不一定就使这些结果具有完全不能置疑的权威色彩，因为靠成页的公式并不会从稀疏的数据中得出确定的结果"。赫胥黎认为，地球的热扩散很可能比开尔文推测的更慢一些。

1899 年，英国地质学家乔利把盐浓度与地球年龄联系起来，采用一种全新的方法研究了地球的年龄。这种方法的基本点是认为大洋水中的盐浓度不会减少，那么只要知道大洋中盐浓度近几个世纪的增长率，就能求出大洋的年龄。他估算出大洋已经出现了 8 千万至 9 千万年，而地球的年龄不会小于这个数字。到 19 世纪末，越来越多的地质学家都同意这样一个意见：地球是在不到 1 亿年前形成的。

真正让地质学家和物理学家都认可的方法是 20 世纪初期产生的。1896 年，法国物理学家贝克勒尔发现了天然放射性现象。两年后，居里夫人首次测出放射性元素镭。此后，放射性元素就成了地球年龄的理想"计时器"。20 世纪最伟大的实验物理学家之一卢瑟福根据放射性元素衰变所释放的能量的原理，初步算出地球的年龄约为 34 亿年，太阳的寿命约有 50 亿年。

在放射性年龄测定原理和方法得到确定和发展之后，地球的年龄在不断增长。目前，采用这一方法已经确定地球上最古老的岩石形成于 38 亿年前，这就可以确定地球固体地壳的最低限度年龄。20 世纪 50 年代，科学家通过测定陨石的年龄首次确定了太阳系的年龄，对陨石的最新近测定值使地球的年龄延长到了 46 亿年。

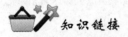
知识链接

　　地球是我们人类的母亲，哺育着我们成长。我们人类应该认识它，了解它。虽然现在已知地球年龄至少有 46 亿年，但目前地球上发现的最古老的岩石年龄仅为 38 亿年，中间约有 8 亿年的间隔完全缺失地质资料。因此，直到现在人们还没有一个关于地球早期历史的统一的理论。

发展变化中的地球

　　地质学家经过多种方法测定，确定地球的年龄至少有 46 亿岁。那么长的历史，如何划分呢？自从陆上出现生物以来，古代生物的遗体——化石，就成了我们认识地球的最好标志。科学家们根据化石以及岩石中的放射性元素来计算，把地球历史演变划分为五个年代，即太古代、元古代、古生代、中生代和新生代。每"代"还可进一步划为若干"纪"，如古生代从远到近再划分为寒武纪、奥陶纪、志留纪、泥盆纪、石炭纪和二叠纪；中生代划为三叠纪、侏罗纪和白垩纪；新生代划为古近纪和第四纪。这就是地球历史时期的最粗略的划分，我们称它为"地质年代"。

　　地球正式成为太阳系的成员之后，大约又经过 22 亿年，便进入地质时期——太古代。这段从 46 亿～38 亿年前的地质历史时期可被认为是地球的幼年时代。太古代时期的地壳很薄，也没有现在这样坚固复杂。由于地球内部放射性物质衰变反应较为强烈，地幔深处的融熔岩浆，不时从地壳深处，沿断裂涌出，形成岩浆岩和火山喷发。当时到处可见火山喷发的壮观景象。在太古代晚期，形成了稳定基底地块——"陆核"。陆核的出现，标志着地球有了真正的地壳。太古代地球表面虽然已经形成了岩石圈、水圈和大气圈。但那时的地球表面，大部分被海水覆盖，由于大量火山喷发，放出大量的二氧化碳，同时又没有植物进行光合作用，海水和大气中含有大量的二氧化碳，而缺少氧气。

　　地球发展从 26 亿～6 亿年前，这段 20 亿年的悠久历史，称为元古代。在这漫长的时期，地球上许多事物从无到有，就像是一个人的少年

趣味地球科学故事

13

时代，长成了初步的轮廓。这时，太古代形成的陆核进一步扩大，稳定性增强，形成规模较大的原地台，后又经过几次地壳运动，原地台发展为古地台。这时海洋中已经出现了种类繁多的藻类，由于这些布满海洋的藻类植物的光合作用，吸收大量二氧化碳放出氧气，因此此时海洋和大气中有较多的游离氧存在，同时二氧化碳也相对减少，为生物发展准备了物质条件。

古生代大约是 6 亿～2.3 亿年前，经历了 3.7 亿年。这比起太古代和元古代来，时间不算很长，但从地球的发展来看，却是一个重要的时期，这犹如人生的青年时代。发生在早古生代志留纪末期的地壳运动，称为加里东运动。这次运动后，不但大地构造性质发生变化，而且地壳隆起上升，由海洋成为陆地，加里东运动后，地球陆地面积便不断扩大。但到了晚古生代，有些地区又开始下沉，成为地台浅海，因此地球总的形势仍然是南升北降，南方为大致连在一起的冈瓦纳古陆，北方除加拿大与欧洲连起来以外，其余地区仍为地槽海与地台浅海所分割。到了晚古生代后期，由于海西运动，北方古陆联合为一体，称为劳亚古陆。这时，陆地面积不断扩大，陆地上森林繁茂，尤其是沼泽地带，更适合一些进化不很完全的植物生长，再加上石炭纪、二叠纪气候湿润，因此植物大量繁衍，那时的北半球呈现出绿树成荫、森林繁茂的景象。又因地壳运动频繁，海陆多变，陆地长好的植物，常为海水覆盖，不久又上升为陆地，继续繁衍森林。这种环境，恰为煤的形成创造了良好条件，因此，石炭纪、二叠纪是北半球最主要的成煤时期。

地球发展 2.3 亿～0.7 亿年前，称为中生代。这段时期出现全球性的海退，基本构成现时地貌轮廓。由于地理、气候环境发生较大变化，生物要适应新的环境，于是又出现新的飞跃。古生代末，新露头角的裸子植物在中生代大量繁衍，表明植物完全征服了大陆。动物发展到中生代已是爬行动物时代了，标志着动物完全征服了大陆。始祖鸟，一种介于爬行动物与鸟类之间的动物，表明动物向空中发展。以上说明地球发展进入中生代，一切都已"成熟壮大"，犹如人生的壮年时代。

新生代是地壳发展最近的一个时期，相当于人类历史的近代史。大约 7000 万年以来的这段地质发展时期，从时间来看虽然是最近和最短的，但从整个地壳演化来说，却是内容丰富而又极其重要的时期。中生代地壳重新活跃，新生代继承发展了地洼特征，故称为地球的回春期。这时的地壳发展主要由活跃趋向稳定，大地构造轮廓和古地貌逐步接近现代状况。新生代时期，不仅植物的发展非常迅速，而且各种食草、食肉的哺乳动物也空前繁盛。自然界生物的大发展，最终导致了人类的出现。

 知识链接

地层好比是一部内容丰富的大自然史册，它对研究生命的起源和演化，寻找石油、天然气、煤等化石能源及矿产资源有着广泛的应用，对控制生态平衡和保护人类的地球家园，也起着越来越重要的借鉴和指导作用。

地球形状的"改变"

地球是人类的摇篮。自古以来，人类就在不断地探索自己生存的这个世界，力图说明它的形状。

在漫长的人类社会历史中，因受科学技术水平的限制，人们只能站在地球上观察地球。在没有仪器设备辅助的情况下，人的视野是非常有限的。即使站在毫无障碍的原野上，眼力所能达到的范围，也只是周围地平线以内的一块圆形地盘，其半径最大也不过4.6千米左右。对于庞大的地球表面来说，这几十平方千米的地盘，实在是太微不足道。在人类活动能力和活动范围都很小的古代，凭借直觉对世界的非常浅薄的认识和主观臆想，人们对地球的形状做出了各种各样的解释。在我国古代，对地球形状的解释主要有两种。一种是盖天说，即"天圆地方"，认为"天似穹庐，笼罩四野"，"天圆如张盖，地方如棋局"；另一种是浑天说。我国东汉时期的科学家张衡认为，天地如卵，天包着地就像卵壳包着卵黄一样。他对地球形状的解释，比起"天圆地方"的说法已大大前进了一步。古代其他国家也有对地球形状的种种解释。古印度人认为地球是一个隆起的圆盾，这个圆盾由三只站在龟背上的大象驮着，而这只巨大的龟又被一条在一望无际的海洋中游动的巨蛇支撑着。古代的俄罗斯人则认为，大地是由三条鲸鱼驮着的盘子，而这三条鲸鱼也是在海洋上浮游。

公元前350年，古希腊伟大的科学家亚里士多德系统地总结了航海家的经验，第一次较完整地提出了地球形状的理论：大地实际上是一个球体，一部分为陆地，一部分为海洋。地球外面由空气包围着。他的主要论据：人们在南北不同地点观察北极星的高度是不同的；沿南北方向旅行时，会看到前方地平线有一些新的星星升起，而在后方地平线附近，原先能看到的一些星星，则会渐渐消失在地平线以下，这说明海平面并不是平的，而是弯曲的；月食一定是地球的阴影掠过这个卫星的表面时引起的，既然这个阴影是圆的，那么大地本身就应该是圆的。尽管亚里士多德的天地观有着充足的道理，但当时并没有获得很多人支持。一个重要的原因是当时人们没有搞清引力。他们认为，如果亚里士多德说得对，那么住在地球另一端的人，怎么能脚朝下走路呢？那里的水不会流向天空吗？

正当人们对地球的认识逐步深化之时，欧洲进入了漫长而黑暗的中世纪，科学受到了最野蛮的摧残。那时，谁要是再说一句大地是球形的，就立即被斥为异教，甚至有杀头的危险。荒唐的教会借助宗教的"权威"，硬把大地又拉回到"平地"，甚至天地也重新毗连起来。直到1000多年以后的15世纪，反动教堂中仍然用地球对面人头向下的图片嘲笑大地为球形的学说。但科学真理毕竟是不可战胜的，15世纪之后，人们对地球的认识又开始向纵深发展。1519年，葡萄牙航海家麦哲伦率领的5艘海船，从西班牙出发，依次经过了大西洋、太平洋、印度洋，用3年时间完成了第一次环绕地球航行，回到西班牙。用实践证明了地球是一个球体，不管是从西往东，还是从东往西，毫无疑问，都可以环绕我们这个星球一周回到原地。从此，人们便一致把我们所在的世界称为"地球"。

那么，地球的形状究竟是不是一个正圆球体呢？随着科学技术的发展，在17世纪末，人们对地球是正圆球的主张开始有了怀疑。1668年，牛顿发现了万有引力定律，他以极其丰富的想象力认为行星由于其自身的旋转，应当在两极扁平而赤道突出。1672年，法国科学院派李希尔到达赤道附近去观测火星冲日。当时他随身带了一只很准确的摆钟，到达开罗之后，他发觉摆钟每天总是慢两分钟，他不得不缩短摆长，来校正摆钟的快慢。当李希尔回到巴黎后，摆钟又变得快起来，必须重新放长摆的长度，这是什么缘故呢？牛顿受到李希尔摆钟的启示，他由此思考到，摆钟变慢的原因是重力加速度变小的缘故，一则是由于赤道附近的离心加速度大，二则是由于赤道部分凸出而造成引力变小。因此，牛顿认为，地球不是正圆球体，而是一个扁椭圆球体。但是，当时法国天文台台长为世袭的卡西尼家族所把持。他们祖孙四代，一贯坚持地球的极轴长于赤道外直径，像一只竖立的鸡蛋，和牛顿力学原理唱对台戏。

1718年卡西尼的儿子雅克公布了他去法国境内测量子午线一度弧长的结果，企图证明地球的形状是尖长的。但是牛顿等科学家认为测点距离太短不足以说明问题，因此仍然坚持自己的意见。双方各执己见，争论不休。究竟谁是谁非呢？

1837年，法国科学院为了解决地球形状的争论问题，派出了两个远征测量队，一个去南美秘鲁，一个去北欧极地拉卜兰德。经过9年的实测，测量结果是拉卜兰德地区的子午圈弧度比秘鲁约长1.5千米，事实证明牛顿力学的推算是正确的。测量队员克雷勒忠于科学，实事求是，公布了测量成果，并计算出地球扁率为1：297.2。这么一来，迫使卡西尼的第四代重孙多米尼科不得不再度进行10年的复测，在事实面前推翻了祖先的成见。从此以后，再也没有人怀疑地球是一个扁椭圆球体了。

20世纪50年代以后，科学技术发展非常迅速，为地球测量开辟了多种途径。高精度的微波测距、激光测距，特别是人造卫星上天，再加上电子计算机的运用和国际合作，使人们可以精确地测量地球的大小和形状。通过实测和分析，终于得到确切的数据：地球的平均赤道半径为6738.14千米，极半径为6356.76千米，赤道周长和子午线方向的周长分别为40075千米和39941千米。测量还发现，北极地区约高出18.9米，南极地区则低下24～30米。这样看起来，地球形状其实像一只梨子：它的赤道部分鼓起，是它的"梨身"；北极有点放尖，像个"梨蒂"；南极有点凹进去，像个"梨脐"，整个地球像个梨形的旋转体，因此人们称它为"梨形地球"。确切地说，地球是个三轴椭球体。其实，地球的不规则部分相对地球本身来说是微不足道的。从人造地球卫星拍摄的地球照片来看，它更像是一个标准的圆球。

 智慧人生

人类对自然的认识是逐步深化的，永远没有尽头。对古老而神秘的地球的研究是一项极其巨大而艰辛的工程，经历了相当长的时间。直到今天，人类也从未中断过探索的脚步，一直在坚持不懈地揭示着地球的奥秘。

自转的秘密

地球同太阳系其他行星一样，在绕太阳公转的同时，围绕着一根假想的自转轴在不停地转动，这就是地球的自转。几百年前，人们就提出了很多证明地球自转的方法，著名的"傅科摆"使人们真正看到了地球的自转。

1851年，法国物理学家傅科在巴黎国葬院安放了一个钟摆装置，摆的长度为67米，底部的摆锤是质量28千克的铁球，在铁球的下方镶嵌了一枚细长的尖针。这个巨大的装置是用来做什么的呢？原来，傅科要证明地球的自转。他设想，当钟摆摆动时，在没有外力的作用下，它将保持固定的摆动方向。如果地球在转动，那么钟摆下方的地面将旋转，而悬在空中的摆具有保持原来摆动方向的趋势，对于观察者来说，钟摆的摆动方向将会相对于地面发生变化。原理想通了，实验却并不好做。由于钟摆方向的改变是细微的，所以稍强一些的气流就会使实验结果发生变化。由于摆臂越长，实验效果越明显，为了观察到方向的改变，实验地点一定要设置在顶棚很高的厅堂中，顶棚用来悬挂钟摆。傅科最后选择了巴黎高耸的国葬院作为实验场所，并在摆的下放安置了一个沙盘。当摆运动时，摆尖会在沙盘上划出一道道的痕迹，从而记录了摆动方向。实验的结果与傅科的设想完全吻合，摆的摆动显示为由东向西地、缓慢而持续地旋转。傅科的演示直接证明了地球自西向东的自转。原来，我们脚下的地球就好像个巨大的陀螺，当用绳绕上然后拉或用鞭抽打时，可以在地上旋转一样，它也在分秒不停地自西向东旋转，每自转一圈就是一昼夜。因为地球是向东转动，而大铁球的惯性却始终是保持原来南北的摆动方向，这就产生了大铁球摆动而向西偏转的现象，因而和地板上的线段有了一个较大的夹角。如果在地球南北两极做这个实验，设法使大铁球连续摆动24小时，这时人们将会看到，大铁球的摆动平面刚好旋转了360度。

这件事发生在100多年前，当时科学还不很发达，很多自然奥秘尚

趣味地球科学故事

未被揭示出来，人们根本不相信自己居住的地球在自转。当人们亲眼目睹了傅科的实验，并听到他的解释后，就改变了看法，相信地球在自转的人就多起来。为了表彰傅科的功绩，后人便把这种铁球大摆命名为"傅科摆"。

后来的科学家们通过对月球、太阳和行星的观测资料和对古代月食、日食资料的分析，以及通过对古珊瑚化石的研究，得到了地质时期地球自转的情况：在6亿多年前，地球上一年大约有424天，表明那时地球自转速率比现在快得多。在4亿年前，一年约有400天，2.8亿年前为390天。研究还表明，每经过一百年，地球自转周期减慢近2毫秒，它主要是由潮汐摩擦引起的。此外，由于潮汐摩擦，地球自转角动量变小，从而引起月球以每年3～4厘米的速度远离地球，使月球绕地球公转的周期变长。除潮汐摩擦原因外，地球半径的可能变化、地球内部地核和地幔的耦合、地球表面物质分布的改变等也会引起地球自转周期变化。

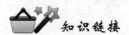 知识链接

　　地球自转与人类的生活息息相关，由于地球的转动具有高度的稳定性，所以长期以来，它都是时间和纪年的标准。近年来，科学家发现地球的自转与地震活动有密切的关系。因此研究地球自转的时间变化，可能成为一种监测地震的新手段。

地球的"朋友"

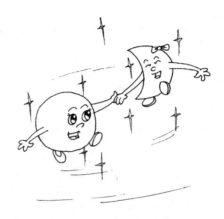

在浩瀚的宇宙中，月球是离地球最近的天体，二者之间的平均距离为 38 万千米。月球不像其他行星那样以太阳为中心旋转，而是围绕地球转，它是地球唯一的"伙伴"——天然卫星。

月球上既没有大气，也没有水，原因是月球质量小，引力太弱，留不住它们。月球上的物体摆脱它的引力飞向太空的脱离速度，远比物体脱离地球的速度要小，只有每秒 2.4 千米。气体分子运动的平均速度只要大于逃逸速度的 1/5，即每秒 0.48 千米，就会迅速飞散到宇宙空间。实际上，在摄氏零度，氢、氦和氮等气体分子的平均速度均大于每秒 0.48 千米。因此，月球上不可能存在这些气体。由于没有大气保护，受太阳照射时月面温度很高，可达 127℃，也不会有水，因为如果有水，就会化成水汽逃逸。当然，在月球的两极，异常寒冷和阴暗，水以冰的形式存在是有可能的。

月球自转比地球慢许多，它的"一昼夜"长达 27.32 地球日。这样，太阳升落也很慢，从日出到中午要经过 180 多个小时。而且月球周围无大气遮隔，在月球上看到的太阳比地球上要明亮千百倍。在太阳照耀下，月球表面温度不断升高，正午时分达到 127℃。中午过后，又要经过 180 多个小时方见日落，温度也不断回跌。日落后，长达两星期左右的漫漫

长夜开始了，月面温度可降到－183℃。在夜空中，能见到一轮硕大无比的"明月"在极慢移动，这就是反射着太阳光的地球。

我们知道，地球和月球都是不发光的天体，但月球靠太阳的照射而反光，地球需要太阳的照射来维持生物的存活。由于地球和月球都是球体，同一时间内只能被太阳照射一面，另一面不被照到并且拖着一条长长的黑影子，太阳光很强烈，黑影子也便很长很明显，延伸在茫茫太空中。当月球运行到太阳和地球之间时，如果太阳、月球和地球三者正好在一条直线上或接近于一条直线时，月球的影子就一直延伸到地球的表面，处在月影之中的地球区域，便看到月球遮住太阳的景象，这便是日食。按照被月亮遮住的太阳的面积大小，日食可分为日偏食、日环食和日全食，这主要是由太阳、月亮和地球成一条线的直曲程度决定的。由于月球只在农历的每月初一运行到地球和太阳之间，所以日食必定发生在农历初一。不过，并不是说每逢初一必定发生日食。

当月球运行到地球背着太阳的阴影区域内时，月球被地球的阴影所遮掩，人们会在地球上看到月球被地球遮挡的景象，这便是月食。月食分月全食和月偏食两种，月全食时，月球全部落入地球的阴影中，处在地球背着太阳那一面的人便可以都看到月全食；月偏食时，月球只是一部分进入地球的阴影中，并且始终没能全部进入，地球的阴影只是挡住了月球的一部分。由于月食时地球在月球和太阳之间，所以月食必定发生在农历每月的十五或十六。当然，这也并不是说每逢农历十五或十六就一定会发生月食。

月球虽然不适宜生物存活，但并非没有认识价值。航天员登月时，发现月球上有储量极大的钛及其他矿产。利用月球矿产，可以非常便宜地制造航天飞行器硬件，而且从月球发射物体要比从地球发射容易许多，因为月球引力远比地球引力小，又无空气，航天器离开月球无须克服空气阻力。例如，从月球发射一个同高度近地轨道的有效载荷所需总能量是在地球上发射同样质量所需能量的 $\frac{1}{30} \sim \frac{1}{20}$ 倍；又如航天飞机的载荷只占整个发射质量的 1.5%，如果用同样的运载工具从月球发射，其有效载荷可占总发射质量的 50%。一旦月球获得开发，月球能作为人类飞往其他行星的理想基地。

阿波罗登月探险还发现，月球上的岩石含有氧化物。以这种形态存在的氧元素被还原出来后，可以供给月球上的居民利用，这就为在月球上建立基地和居民点提供了氧源。月球上无空气，其重力也不大，是发展月球工业的极好场所。可以利用月球的资源就地加工生产各种材料和设备，以支持空间站和太空工厂的建设。

 知识链接

　　宇航员从月球上带回的岩石要比我们在地球上所找到的最古老的岩石还早10亿年。通过探索月球，我们不但可以弥补地球前10亿年演化历史的空白，而且有助于我们了解生命在地球上是如何开始的，以及人类是如何发展而来的。科学家们确信，月球注定会成为人类活动的地方，而且有可能成为人类生存和发展的新空间。

炎热的地核

随着科学技术的进步，人们已经初步揭示了从微小的原子世界到遥远的宇宙星空的奥秘。可是，人类对自己居住的这颗星球的内部情况却了解得很少。1918 年，世界最深钻孔为 2251 米；1930 年大约为 3040 米。从 1970 年 5 月起，苏联地质学家在北冰洋之滨的科拉半岛上进行钻探，至今为止已钻入地下 12 千米的深处。但即便是这个深度，同几千千米的地球平均半径比起来也实在是太微小了，充其量不过是碰破地球一点皮而已，根本无法让人们了解地球内部。目前，人们要了解地下较深处的秘密，只能通过间接的地球物理手段，对地球加以"透视"，即利用地磁、地电、地热、地震波等研究方法，间接探察地球。特别是用人工地震波在地球内部传播的记录，以揭示地心世界之谜。

1910 年，南斯拉夫地震学家莫霍洛维奇发现地震波在传到地下 50 千米处有折射现象发生。他认为这个发生折射的地带，就是地壳和下面物质的分界面。1914 年美国地震学家古登堡发现地下 2900 多千米深处存在着另一个不同物质的分界面。以后，人们为了纪念他们，分别将其命名为"莫霍面"和"古登堡面"。用这两个面，把地球内部划分为地壳、地幔和地核 3 个圈层。

地壳是由各种岩石组成的地球最上面的一层，平均厚度 17 千米，大陆部分平均厚度 33 千米。地幔是地壳和地核之间的中间层，主要成分是铁镁硅酸盐类，呈固态。当压力降低到某种程度就会液化，形成流动的岩浆，当它喷出地表时，便是火山爆发。

在法国著名科幻作家凡尔纳的著作《地心游记》中，探险者们在试图穿越一座危险重重的火山时，遭到了大批恐龙的疯狂袭击。事实上，这样的情况是不可能发生的。根据地震波的变化情况，科学家们已经测出地核与地幔之间边界的温度大约为3677℃，并估算地核内部温度可能高达4982℃，几乎与太阳表面一样热。在这样的环境中，不可能有生物生存。此外，科学家还发现地核也有外核、内核之别。内外核的分界面，大约在5155千米处。因地震波的横波不能穿过外核，所以一般推测外核是由铁、镍、硅等物质构成的熔融态或近于液态的物质组成。液态外核会缓慢流动，故有人推测地球磁场的形成可能与它有关。由于纵波在内核存在，所以内核可能是固态的。关于内核的物质构成，学术界有不少争议，许多人认为，主要是由铁和镍组成。但究竟是何物，这一切都还有待于进一步探索、证明。此外，内外核也不是截然分开的。有的学者认为，在内外核之间，还存在一个不大不小的"过渡层"，深度在地下4980～5120千米之间。

地核的密度很大，压力可达300万～370万个大气压。即使是最坚硬的金刚石，在这里也会被压成像黄油那样软。地核的质量占整个地球质量的31.5%，体积占整个地球体积的16.2%。地核体积与月球相比，其空间能装下8个月球，或一个火星。

 知识链接

　　由于坚硬的地壳岩石的阻隔，迄今为止，人类对地球内部仍然所知甚少。美国科学家最近提出了一个大胆的设想：也许只要引爆1枚小小的核弹，就可以帮助我们打开通向地核之门，实现对地球内部的探索。这个设想提出后，立刻引起人们极大的兴趣。法国著名科幻小说家凡尔纳所写的《地心游记》，也许将变为现实。

趣味地球科学故事

石头的 "水火" 之争

地质学家按照岩石的形成原因，把岩石分为火成岩、沉积岩、变质岩三大类。这种岩石知识，现在已成为常识而为人们所共知。然而，它的得来并非易事，是人类经过长期的实践才总结出来的。围绕着岩石的起源与成因，曾展开过一场 "水成派" 和 "火成派" 的激烈争论。

近代以来，采矿业、采煤业和采油业的发展大大丰富了人们的地质知识，科学地了解地球的地质状况成了客观的现实需要，特别是大量化石的发现，使地质学作为一门学科渐渐成熟。17 世纪，出现了近代第一位真正的地质学家——斯台诺。斯台诺本来是一位意大利医生，他热衷于化石研究，发现了化石与现代生物之间的相似之处，认为化石是古生物的遗迹。他还提出，化石是鉴别地层的主要依据，含化石的地层是地层演化史的直接记录，通过化石鉴别可以识别地层的年代。斯台诺不仅开创了近代的地质学研究，而且提出了地质演化的思想。

海相生物的化石出现在高山地层的现象，引起了 17 世纪地质学家的高度注意。英国的医学教授伍德沃德依据《圣经》中的大洪水的说法，提出了地质构造的水成论。根据《圣经》，上帝创世后，人间充满了罪恶，为惩罚人类，上帝让洪水泛滥了 40 天，毁灭了地面上的一切生物，只有诺亚一家和他们带着的其他一些生物在方舟里幸免于难。伍德沃德认为，海相生物化石之所以出现在高山上，完全是大洪水冲积的结果。在出版于 1695 年的《地球自然历史试探》一书中，他系统地阐述了洪水泛滥对于地层变化的影响，提出了地层的沉积理论。

英国植物学家雷伊不同意水成论。他凭常识推断，生物化石在地层中新老叠加、层层堆积，洪水的一次冲积是无法解释的。他另出新论，提出地层的形成是地球内部火山运动的结果。由于火山不断爆发，地面上形成了一层又一层的熔岩，每一层中都有生物的遗体即化石。这就是所谓的火成论。

18世纪，随着地质考察活动的大规模开展，人们掌握了更多的地质知识，水成论和火成论者分别掌握了更多的实证材料作为自己的证据，同时也不断修正和补充自己的理论。德国地质学家维尔纳使伍德沃德的洪水冲积说更为系统、精细。他出生于一个矿业世家，26岁成为德国著名的弗赖堡矿业学院教授，他的水成论通过他的学生到处传播。

维尔纳认为，地球最初是一片原始海洋，所有的岩层都是在海水中通过结晶、化学沉淀和机械沉积而形成的。通过结晶形成的原始岩石里没有化石，是最古老的。通过沉淀形成的岩石只有少量化石，而通过沉积形成的岩石所含的化石最多。维尔纳承认火山爆发是一种地质力量，但他认为火山是地底下的煤燃烧造成的，是地质岩层已经形成之后才出现的，因此不起主要作用。维尔纳的水成论有其岩石学基础，但他更多地注意岩石中的矿物而不是其中的化石。他的水成论也没有解释原始海洋后来是怎么消失的。

维尔纳的学说遭到了英国地质学家赫顿的反对。赫顿对苏格兰山脉进行了地质考察，发现那些结晶型的岩石并不像维尔纳所说的在水中结晶，而是熔岩冷却的结果。这使他对水成论产生了怀疑。1785年，他在爱丁堡皇家学会上宣读了他的第一篇地质学论文，论述了他的火成论思想。1795年，他又出版了《地质学理论》一书，系统阐明了火成论的地质理论。

赫顿认为：地球内部是火热的熔岩，当它们迸发出来时就成了火山，熔岩冷却后固化成结晶岩，结晶岩的表面是沉积岩，沉积岩是地球的内热与地面陆地和海洋的压力相结合形成的，沉积岩的多层次反映了地质形成时间的极度漫长。

赫顿的地质演化学说与《圣经》显然不相符合，因而遭到了神学家和信教的地质学家的反对。此外，持水成论的学者也从学理上对赫顿的学说提出了质疑。维尔纳的学生们认为，熔岩不会固化成晶体。赫顿的朋友，爱丁堡的业余科学家霍尔为此专门做了一个实验。实验表明，让熔融的玻璃非常缓慢地冷却就会变成不透明的晶体，只有快速冷却才能制成透明的玻璃。以熔岩做实验，情况依然如此。这就驳斥了维尔纳派

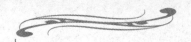

的质疑，火成论取得了一席之地。但是，火成论者也不得不承认：光凭火山喷发似乎也难以解释岩石的水平层理结构和夹在其中生物化石的形成原因。因此，他们也使用了沉积岩这个概念，使现代地质教科书中的岩石分类系统既有岩浆岩，又有沉积岩，还有一个中间过渡的变质岩。

现在我们已经知道，地球表层的岩石圈，是由三种不同的岩石构成的："火成"的岩浆岩、"水成"的沉积岩以及变质岩。其中，"火成"的岩浆岩构成了地壳的主体，按体积和质量计都最多。但地面最常见到的则是"水成"的沉积岩，它是早先形成的岩石破坏后，又经过物理或化学作用在地球表面的低凹部位沉积，经过压实、胶结再次硬化，形成具有层状结构特征的岩石。在地壳中，在大大高于地表的温度和压力作用下，岩石的结构、构造或化学成分发生变化，这就形成了不同于火成岩和沉积岩的变质岩。火成岩中的玄武岩、花岗岩是地球中最具代表性的岩石，是构成大陆的主要岩石。形成时代最早的花岗岩，年龄达 38 亿年；而玄武岩是构成海洋所覆盖的地壳的主要物质，均比较"年轻"，一般不超过 2 亿年。

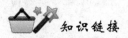

知识链接

关于岩石以及岩层成因的水成论和火成论的论战是 18 世纪后期到 19 世纪初期的重要事件，它促进了地质学从宇宙起源论、自然历史和古老矿物学中分离出来，并逐渐形成了一门独立的学科。赫顿被后世称为"现代地质学之父"，他的理论对 19 世纪最伟大的科学家之一、"进化论"的创造者达尔文产生了深远影响。

石头与人类

　　说起石头，人们并不陌生。山里到处都是石头，河边、海滩上也能见到各种滚圆或有棱角的小石头，就连城市里也有石头：石头铺成的路面、石头砌就的建筑物和台阶、石头装饰的墙面等。这些石头虽然颜色、结构、成分不一样，可是人们一般统称它们为石头。

　　在地质学术语中，人们通常所说的石头被称为岩石。"岩"有高山陡崖之意，而"岩石"就是形成这些高山峭壁的石头。实际上，岩石的含义已远不止是形成高山，岩石在我们生存的地球上广泛分布，山脉、丘陵、岛屿、江河湖海以及平原的基底，都是由岩石组成的。

　　岩石是有一定形状的固态集合体，有的呈层状、片状，有的呈块状、球状、柱状，形状各异。换句话说，那些没有固结的松散沉积物，如砾石、沙子、黏土、火山灰，海底沉积物等碎屑，由于它们没有固定的形态，更没有胶结形成坚硬的岩石，因此，它们不在岩石之列。

　　在人类的文明和进化中，岩石起到了非常重要的作用。我们的祖先注意到石头之初，可能是把它们当成了玩具。岩石大小不同、形状不同、颜色不同，他们放在手中把玩或相互投来掷去，岩石的质量使身体被触部位有痛感，我们的祖先感到可以用它们作武器，在围猎时掷向动物。再后来，他们发现用尖锐的石块可以削剥树枝，于是，不起眼的岩石成了人类的工具。中国的蓝田人、北京人所用石器大都由硬度较大的石英质矿物和岩石制成。旧石器晚期，出现于山顶洞时期的钻孔石质饰物，表明人类对岩石的相对硬度有了一定认识。新石器时期，人类已利用天

趣味地球科学故事

然宝石，如玛瑙，叶蜡石等做饰品。商、周是中国青铜器鼎盛时期，那时所用的铜矿石主要是自然铜和孔雀石。

中国早期地学典籍记载了许多岩石和矿物知识。《山海经》将矿物分为金、玉、石、土4类，并记述了各自的色泽、特征、产地。世界其他民族在早期也积累了丰富的岩矿知识。古希腊泰奥弗拉斯托斯的《石头论》是最早的有关岩矿的专门著作。他描述了70多种矿物，将岩石分为石质和黏土两大类，论述了颜色、硬度、结构、可燃性、可溶性等物理性质。

石头是古人所能寻找到的质地最为优良的天然建材。从四五千年前用整块巨石在平地上搭起的巨石阵，到1800年前建造的罗马万神庙；从举世闻名的万里长城到敦煌石窟、龙门石窟。古代人们对石头的运用，大体上可以分为几种类型：第一种是将原始的石料稍加打磨，搭建成所需的形状，英格兰的巨石阵就是其中最为典型的。人们通过这种搭建过程，逐渐掌握了巨石的采集、运输、搭建等工艺，为后人进一步拓展石料的使用空间奠定了基础。第二种是对整个巨石的雕琢，使其成为一种具有独特风格的艺术品，埃及狮面人身像属于此列。第三类是一种集大成的艺术精品，是一种将石料、象牙、各种贵重金属的选材、造型、雕刻等融为一体的综合艺术，奥林匹亚的宙斯神像是其中的代表。可以说，石头是人类不可或缺的亲密伙伴，是人类文明的载体和传播者。

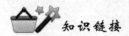

知识链接

石头象征着坚定、顽强以及各种我们所向往的品质。因此，人们用石头比喻坚定的信念。也许正是由于这个原因，石头的魅力才这样恒久不衰。几千年来，人类以聪明才智不断丰富并发展着石头的应用及其内涵。今天，石头已经是人们生产和生活中不可或缺的一部分。

五彩斑斓的大地

　　从太空上看下来，人类居住的地球一定是蓝色和绿色的。但是，如果你靠近地面，所能见到的土地可能只呈现棕色。那么，这种棕色是从哪里来的呢？美国科学家最近发现，大地的棕色其实来自于绿色植物。

　　科学家指出，植物枯萎和死亡后，叶子和枝干就会凋谢，继而将它们长期以来为生存而储存的碳元素带给了土壤。土壤中的微生物利用特殊的酶将凋谢的植物分解，并将这些"食物""切"成适合自己"进食"的大小。饥饿的微生物加工了土壤中大量的碳，甚至将一些元素结合到自身细胞中。由于过于"忙碌"，微生物不可能完成所有的分解加工，有些碳没有被微生物吃掉，微生物死后，碳元素又进入土壤。这就形成一个循环，总有碳元素留下来，于是，大量微生物残留物经过数千年的累积，便给了土地现在的这种棕色。

　　当然，世界上还有很多地方的土地不是棕色的。美国新墨西哥州的路索罗盆地，白沙浩瀚，其砂粒是砂石膏晶体的微粒。1亿年前，由于地壳运动，石膏质海岸隆起为山，雨水挟带溶解了的石膏流入山谷盆地中的路索罗湖。后来气候日益干燥，湖水蒸发，湖岸的石膏晶体被风化成细沙，随风铺满整个盆地，成了这片白色沙漠。连沙漠里的一些动物，如囊鼠、蜥蜴等为适应环境，身躯都进化成了白色。澳大利亚的辛普森沙漠呈红色，天地间火红一片，奇丽无比。其成因是砂石上裹有一层氧化铁，这是铁质矿物长期在大漠传播所致。苏联中亚细亚土库曼境内，黑海和阿姆河之间，有一片名叫卡拉库姆的黑色沙漠。整个大漠呈棕黑色，如果置身其间，仿佛堕入黑暗世界，令人不寒而栗。这片沙漠是当

地黑色岩层风化而成的。位于美国科罗拉多大峡谷东岸的亚利桑那沙漠，由于火山熔岩形成的砂粒中含有矿物质，整个沙漠呈现出粉红、金黄、紫红、蓝、白、紫诸色。在阳光照射下，由于反射和折射的作用，半空似乎飘荡着不同色彩的烟雾，令人眼花缭乱。峭壁秀丘在中午呈蓝色，傍晚是紫水晶色。岩峰常为蓝色，故有蓝峰之称。沙漠东部遍布彩色圆丘，沙丘间屹立着数以千计的色如玛瑙般的彩色石柱。最长的超过30米，最粗的达三四米。亚利桑那沙漠以它美妙无比的色彩成为世界罕见的景观。

翻开棕色的地皮，往往也能发现不同色彩的土壤。为什么土壤会呈现不同的颜色呢？这是由各地不同的自然条件所决定的。

青土和白土是由于岩石本身仅含有单一颜色或相同色彩的矿物，因此风化后形成青土和白土。热带和亚热带地区多红土，是因为那里的气候高温多雨，地表风化和成土作用十分活跃。土壤遭雨水的分解和溶化，使其中的二氧化硅等物质流失，而流动性很小的氧化铁和氧化铝则在土层中富集起来。氧化铁呈现红色，因此土壤也成为红色。这种土质细而黏重，养分不高且具有酸性，只适宜种植茶、油菜、柑橘、毛竹、油桐等亚热带经济作物。

我国北方地处温带，气候温和而较干燥，地面的蒸发量大于降水量，风化作用较弱，土壤处于弱淋溶状态。一些易溶性物质如氯、硫、钠、钾等大多被雨冲掉，而留下了硅、铁、铝等矿物成分。钙与植物分解产生的碳酸结合成碳酸钙，在土壤中形成碳酸钙聚积层，分别呈现栗色或棕色，故称栗钙土或棕钙土。这种土壤较肥沃，适宜苹果、梨、杏等水果的生长。在未经人类开发前，这些地方的草原植物，每年给土壤提供了大量的有机物质。有机物质经腐烂积累，于是就形成了肥沃的黑钙土。

知识链接

　　大地是人类的命根，是全世界人民最基本的物质基础。但水土流失目前已经成为全球重大环境问题之一，并呈日益恶化的趋势。对于人类来说，大地很坚强但又很脆弱，我们应该一起去保护多姿多彩的大地"生命线"，因为只有让它永葆青春，人类才能健康发展，我们的生活才会更上一层楼。

好望角的发现

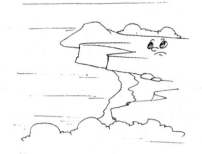

　　翻开世界地图，我们会发现，非洲大陆就像一个大楔子，深深地嵌入大西洋和印度洋之间。这个"楔子"的最尖端，就是曾经令无数航海家望而生畏的"好望角"。它是由葡萄牙航海探险家迪亚士于1488年发现的。

　　13世纪末，威尼斯商人马可波罗的游记，把东方描绘成遍地黄金、富庶繁荣的乐土，引起了西方到东方寻找黄金的热潮。但奥斯曼土耳其帝国崛起以后，控制了马可波罗所经过的陆路，于是开辟一条连接东西方的航路就成了当时的海上强国葡萄牙的最大愿望。1487年8月，迪亚士奉葡萄牙国王若奥二世之命，率两艘轻快帆船和一艘运输船自里斯本出发，踏上了远征的航程。他的使命是绕过非洲大陆最南端，看看能不能找到通往印度的航线。

　　迪亚士出生于葡萄牙的一个王族世家，青年时代就喜欢海上的探险活动，曾随船到过西非的一些国家，积累了丰富的航海经验。15世纪80年代以前，很少有人知道非洲大陆的最南端究竟在何处。为了弄明白这一点，许多人雄心勃勃地乘船远航，结果都没有成功。迪亚士率船队离开里斯本后，沿着已被他的前几任船长探查过的路线南下。过了南纬22度后，他开始探索欧洲航海家从未到过的海区。1488年1月初，迪亚士航行到达南纬33度线。1488年2月3日，他到达了今天南非的伊丽莎白港。迪亚士猜测，自己可能真的找到了通往印度的航线。为了印证自己的想法，他让船队继续向东北方向航行。3天后，他们来到一个伸入海洋很远的地角。在这里，船队遭到了汹涌的海浪袭击，被风暴裹挟着在大

趣味地球科学故事

洋中漂泊了 13 个昼夜。风暴停息后，对具体方位尚无清醒意识的迪亚士命令船队掉转船头向东航行，以便靠近非洲西海岸。但船队在连续航行了数日之后仍不见大陆。此时，迪亚士醒悟到船队可能已经绕过了非洲大陆最南端，于是他下令折向北方行驶。1488 年 2 月间，船队终于驶入一个植被丰富的海湾，船员们还看到土著黑人正在那里放牧牛羊，迪亚士于是将那里命名为牧人湾（即今南非东部海岸的莫塞尔湾）。迪亚士本想继续沿海岸线东行，无奈疲惫不堪的船员们归心似箭，迪亚士只好下令返航。1488 年 3 月 12 日，迪亚士的船队再次经过伸入海洋很远的那个地角时正值晴天丽日，他们下了船，在坚硬的岩石上用葡萄牙文刻下国王若奥二世的名字，以纪念第一次绕过非洲的航行。虽然他们没有到达印度，但去印度的航线已经打通，感慨万千的迪亚士据其经历将那个地角命名为"风暴角"。

1488 年 12 月，迪亚士回到里斯本后，向若奥二世国王汇报风暴角的历险经过。若奥二世认识到发现非洲南端的重要性，但对这个令人沮丧的名字极为不满，为了打通驶向东方的航道以及鼓舞士气，他下令将"风暴角"改名为"好望角"，示意闯过这里前往东方就大有希望了。

1500 年 3 月，迪亚士又一次率领大型船队绕好望角航行。当船队到达好望角附近时，一阵飓风掀起狂浪，四艘大船被掀翻，迪亚士不幸葬身大海。这样，海上探险家最终还是没能到达印度。

好望角被发现以后，就成为欧洲人进入印度洋的海岸指路标。但好望角常常出现"杀人浪"，这种海浪前部犹如悬崖峭壁，后部则像缓缓的山坡，浪高一般有 15～20 米，航行到这里的船舶往往容易遭难，因此，这里成为世界上最危险的航海地段，以致有"好望角，好望不好过"的说法。1968 年 6 月，一艘名叫"世界荣誉"号的巨型油轮装载着 49000 吨原油，当它驶入好望角时遭到了浪高 20 米的狂浪袭击，被巨浪折成两段后沉没了。据 20 世纪 70 年代以来的不完全统计，在好望角海区失事的万吨级航船已有 11 艘之多。在南部非洲的海图上，都有关于好望角异常大浪的警告。

好望角为什么有如此大的巨浪呢？水文气象学家探索了多年，终于揭开了其中的奥秘。好望角巨浪的形成除了与大气环流特征有关外，还与当地海况及地理环境有着密切关系。好望角正好处在盛行西风带上，西风带的特点是西风的风力很强，11 级大风可谓家常便饭，这样的气象条件是形成好望角巨浪的外部原因。南半球是一个陆地小而水域辽阔的半球，自古就有"水半球"之称。好望角接近南纬 40 度，而南纬 40 度至南极圈是一个围绕地球一周的大水圈，广阔的海区无疑是好望角巨浪形成的另一个原因。此外，在辽阔的海域，海流突然遇到好望角陆地的侧向阻挡作用，也是巨浪形成的重要原因。因此，西方国家常把南半球的盛行西风带称为"咆哮西风带"，而把好望角的航线比作"鬼门关"。

知识链接

　　好望角的发现是欧洲 15—17 世纪"地理大发现"的一件大事。在 1869 年苏伊士运河开通之前的 300 多年时间里，好望角航线成为欧洲人前往东方的唯一海上通道。现在每年仍有三四万艘巨轮通过好望角。西欧进口石油的 2/3、战略原料的 70%、粮食的 1/4 都要通过这里运输。

"画" 了两千年的经纬线

　　一座城市不论有多么大，有多少居民住户，邮递员总会找到各家各户的准确地址。人们先把城市分成若干区、若干街道，再把每户编上门牌号码，随便你找什么单位或住所，只要知道街巷名称和门牌号码，都能很快地找到。科学家也是利用类似的方式，给地球表面假设了一个坐标系，这就是经纬线。

　　经纬网是由一组基本上互相垂直的经线、纬线构成的。其实，并没有谁真正在地面上去划出这些线条，而是科学家们通过计算，在地球仪上或者在地图上画出的假想线。但为了"画"这样的假想线，人类差不多花费了 2000 年的时间。

　　公元前 334 年，梦想征服世界的亚历山大大帝率军东征，随军地理学家尼尔库斯沿途搜索资料，准备绘制一幅"世界地图"。他发现沿着亚历山大东征的路线，由西向东，无论季节变换与日照长短都很相仿。于是他第一次在地球上划出了一条纬线。这条线从直布罗陀海峡起，沿着托鲁斯和喜马拉雅山脉一直到太平洋。

　　大约在公元前 240 年，被称为"地理学之父"的古希腊学者埃拉托斯尼通过两地之间不同的正午时分的太阳高度及三角学计算出了地球的周长。后来他画了一张有 7 条经线和 6 条纬线的世界地图。

　　公元 120 年，古希腊天文学家托勒密综合前人的研究成果，认为绘制地图应以已知经纬度的定点做根据，提出地图上绘制经纬度线网的概念。为此，托勒密测量了地中海一带重要城市和观测点的经纬度，编写了 8 卷地理学著作，其中包括 8000 个地方的经纬度。

在托勒密之后的1000多年内，关于确定经度的问题，一直没有获得重大进展。从13世纪起，欧洲的航海事业获得蓬勃发展。在这些大规模的航海活动中，由于要到达一些距离出发港口十分遥远的陌生地方，用罗盘、铅垂线及对船速的估计，来确定这些陌生地方的地理位置，就很不可靠了。1567年，西班牙国王为解决海上经度测定问题，提供了一笔赏金。应征"西班牙经度奖"最有名的人物，当数意大利天文学家伽利略。他用自己制作的望远镜，发现了木星的卫星和卫星食现象。卫星食出现的时刻，对地球上任何地方的人来说几乎是严格相同的，因此就可以利用这一现象来测定两地的经度差，其原理同月食法是一样的。而且木星卫星食的现象，平均每个晚上可以发生一两次，比一年只有一两次的月食要常见得多，因此，只要能对木星的卫星食现象做出准确预报，测定经度的问题也就基本解决了。1616年，伽利略以这个方法向西班牙申请经度奖，但西班牙人对此不感兴趣。经过一番旷日持久的书信往来，到1632年，伽利略放弃了应征西班牙经度奖的念头。1642年，伽利略与世长辞，他发现的测经度的方法再也无法付诸实现了。但是，人类在解决经度测定问题上，仍然朝着既定的目标在一步一步迈进。

1657年，一个新的转折点出现了。著名的荷兰天文学家惠更斯发明了摆钟，从而为测定经度提供了高精度的计时仪器。1667年，法国建立了巴黎天文台。英国也在1676年9月15日建成了格林尼治天文台。各国天文台的相继建立，为编制高精度的天体位置表铺平了道路。1757年，船用六分仪问世。这是一种手持的轻便仪器，它可以测量天体的高度角和水平角，将所得结果与天文台编制的星表对照，就可以测定船舶所在地的当地时间，从而最终解决了海上船舶的经度测定问题。

人类虽然经过艰苦的努力最终找到了测定经度的方法，但这个领域的发展并没有就此止步。特别是进入20世纪后，随着卫星、激光、无线电等技术手段的出现，经纬度的测定正朝着更高精度的方向发展。

现在地球上重要的经纬线包括本初子午线，日界线，赤道，南、北回归线，南、北极圈线，东经160度和西经20度线等。其中，本初子午线是地球经度的起点，本初子午线由此通过，世界时间由此开始计算。它位于英国伦敦城东南8千米处的格林尼治天文台，故国际标准时间通称为"格林尼治时间"；日界线也就是国际日期变更线，国际上规定，把180度经线作为国际日期变更线，它是地球上新的一天的起点和终点，地球上的年、月、日更替，都从这条线开始；赤道线是地球南、北两部分

的分界线，太阳在每年的春分（3月21日前后）和秋分（9月23日前后）两次直射赤道线；南、北回归线是太阳直射点能够到达地球最南或最北的界线（南、北纬23度26分），之后又将调头回归赤道，北回归线在我国穿越台湾、广东、广西和云南4省（区），其中，台湾和广东两省都先后在其北回归线上建立有北回归线标志塔；南、北极圈线是指南、北纬66度34分的纬线圈，在极圈内，会出现太阳日夜不落的"极昼"现象和终日不见太阳的"极夜"现象；东经160度和西经20度线是地球东西半球的分界线，这两条线穿过的地区基本上是海洋。

 知识链接

　　地球上两个不同的地点，可以有相同的纬度或经度，但不可能两者都完全相同。因此地球上不同地点、不同位置都可以用经纬度来表示。例如：北京的经纬度是多少呢？我们很容易从地图上查出来是东经116度24分，北纬39度54分。根据经纬线可以确定方向，知道一个地点的经纬度，就可以在地图上找到它所在的位置。

青少年科普故事系列

"本初子午线" 的意义

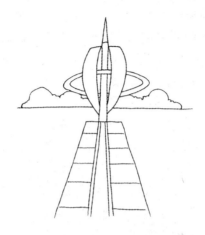

　　要画出一张世界地图来，必须先确定经度起算点也就是零度经线的位置。有了它，世界各地的地理位置才能相应确定下来。零度经线也叫本初子午线。在经历了一场长期的国际纷争之后，现在国际上把通过英国首都伦敦格林尼治天文台原址的那一条经线定为本初子午线。

　　公元前2世纪，古希腊天文学家喜帕恰斯用他进行天文观测的地点——爱琴海上的罗德岛——作为经度起算点。而其后的托勒密则用幸运岛为起算点，幸运岛也就是现今位于大西洋中非洲西北海岸附近的加纳利群岛，当时人们认为这里就是世界的西部边缘。到中世纪时，各国更是我行我素，通常都各自选择其首都或主要的天文台作为本初子午线通过的地方。英国将本初子午线定点在了圣保罗大教堂；法国刚开始选中了那利群岛，1667年巴黎天文台建立后，零度经线又改设在了这里；17世纪的荷兰地图上，零度经线是阿姆斯特丹威斯特教堂的南北轴；西班牙以西班牙、葡萄牙分界的教皇子午线为零度经线；意大利地图上使用的零度经线则位于罗马；在中国，清政府确定以京城中轴线为零度经线。

　　由本初子午线不统一所造成的混乱，很早就引起了人们的重视，也屡次有人试图解决这个棘手的问题。1675年，英国在伦敦附近建立了格林尼治天文台，并第一个研究出了简易测定航海中船舶方位的方法。1767年，根据格林尼治天文台提供的数据绘制的英国航海历出版，这份

趣味地球科学故事

航海历上的零度经线就是通过格林尼治天文台的经线。这个时候的英国，已是头号海上强国。英国出版的航海历自然也广为流传，并为其他国家所仿效。这意味着格林尼治已开始成为许多海图和地图的本初子午线。

1850年，美国政府决定在航海图中采用格林尼治子午线取代通过华盛顿的零度经线作为本初子午线。1853年，俄国海军宣布不再使用现今彼得格勒附近的普尔可夫天文台的零度经线编制航海历，而采用格林尼治子午线为本初子午线。到了1883年，除了法国之外，其余国家的地图几乎都是采用格林尼治经线作为零度经线。

1884年10月1日，在美国的发起下，各国在华盛顿召开了国际子午会议。10月13日，大会以22票赞成，1票反对，2票弃权通过一项决议：向全世界各国政府正式建议，采用经过格林尼治天文台子午仪中心的子午线，作为计算经度起点的本初子午线，作为计算地理的起点和世界标准"时区"的起点。这次大会的决议还详细规定：经度从本初子午线起，向东西两边计算，从0度到180度，向东为正，向西为负。这一建议后来为世界各国所采纳，而且，也正是今天我们用来计算经度的基本原则。不过法国人并不服气这个决议，在自己国家发行的地图上，仍将本初子午线定在首都巴黎，直到1911年后才改为格林尼治线。

1953年，格林尼治天文台迁址，但全球经度仍然以格林尼治天文台的原址为零点来计算。现在在那里有一间专门的房间，里面妥善保存着一台子午仪。它的基座上刻着一条垂直线，那就是本初子午线。线的两边分别标有"东经"和"西经"字样，表明这里就是划分东半球和西半球的界线。

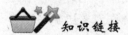 知识链接

　　本初子午线的诞生，使全球有了统一的定位与计时标准。以本初子午线为标准，从西经7.5度到东经7.5度为零时区；从零时区的边界分别向东向西，每隔经度15度划分一个时区，东西各12个时区。相邻两时区的区时相差一小时。目前，全世界多数国家都采用以时区为单位的标准时，并与格林尼治时间保持相差整小时数。

古老地图大揭秘

　　地图，在现代人们的日常生活中已十分普及了，甚至到了出门必带地图的地步。那么，人类是何时开始使用地图的呢？地图的起源，有人推测比文字的起源还要早。因为原始地图跟图画一样，把山川、道路、树木如实地画进地图里，是外出狩猎和出门劳作或旅行的指南。

　　巴比伦泥块地图是目前已被发现的最古老的地图，这张地图，与其说是一"张"，不如说是一"块"，因为它是刻画在泥块上的，距今大概有四五千年。考古学家推测当时的人们是先在湿软的泥块上刻画上图像，再将它放在太阳下烤晒，硬化之后就成为泥块图。这一张泥块图上面，刻画的是巴比伦附近的一个城市，上面刻画着山脉、河谷及聚落。考古学者也发现了不同比例尺的泥块图，上面分别记载了街道、土地产权、城镇位置，乃至于涵盖整个巴比伦地区和天堂。另外，科学家也发现这些地图，是以十二进制的方式来记录数字的，跟我们目前所使用的十进制系统不同。

　　马绍尔群岛是位于太平洋中央的一群岛屿。西方学者们发现，在这些小岛上有一种由树枝和贝壳编织成的特殊图案。原来这是一张地图，每一个贝壳是用来表示附近海域的一个岛屿，枝条则是用来代表岛屿附近的风浪形态。这些太平洋上的岛民们，为了航海探险的需要，就地取材，以贝壳和椰子树树叶的梗条编织成地图，将各个岛屿及其间的风浪方向记录下来。这种地图是他们维持生存的重要工具，如果他们错失了

方向或距离，可能就丧失了捕捞的机会，也可能因错失方向而永远回不了家。这是另一种类型的地图，反映了岛屿居民的生活方式和他们所使用的工具。

爱斯基摩人生活在北极地区。早期的爱斯基摩人，利用河流中的漂木，刻画出许多大小形状各不相同的小木块，并且将木块漆上不同的颜色，而后再放置到海狮皮上。这些木块分别用来表示岛屿、湖泊、沼泽、潮汐和滩地等。在19世纪末期发现的地图中，爱斯基摩人已经用铅笔来画地图，虽然这些地图的绘制没有使用精密的测量仪器，但是地图上的河流曲折形态和数量却非常准确，这可能意味着河川的数量和复杂程度是爱斯基摩人非常关心的。从数学的角度看，这些地图上的距离不太精确，因为它们的长短和实际地面的距离并没有一定的比例。科学家后来发现地图上的距离，是依照步行所需的时间来绘制的，这种距离其实是依据通行的困难程度所衍生的时间距离。

印第安壁画地图。美洲的印第安人也有一些具有特殊风格的地图。在印第安人绘制的地图上，地形资料出现的数量和类别比较少，准确度也不高。他们对于河流、山脉等自然环境的叙述并不很重视，和爱斯基摩人的地图有明显的差异。但是，他们的地图含有极强烈的图画性质，详细记录了他们族群的生活史。这种地图事实上反映了印第安人对于历史性的事件和社会性的事件的关心。

千百年来，在我国民间就广泛流传着《河伯献图》的神话故事。传说大禹治水三过家门而不入的精神感动了河伯。河伯是黄河的水神，禹为治水踏遍山川、沼泽，忽一天看见河伯从黄河中走来，献出一块大青石，禹仔细一看，原来是治水用的地图。禹借助地图，因势利导，治水取得了成功。"传说"虽然不能证实地图起源的具体时代，但从侧面说明，约在四千年以前，我国祖先已经开始使用地图了。据史籍记载，我国在夏代已经有了原始的地图。

1986年我国甘肃省天水放马滩秦墓出土的地图，是迄今为止我国发现的最早的一幅实物地图。放马滩出土的地图共7幅，分别绘在4块大小相同的木板上。据有关专家论证，它的绘制时间为公元前300年左右的战国后期，比我国经实测保存至今最早的传世地图——西安碑林中的《华夷图》和《禹迹图》——早1300多年，比1973年湖南长沙马王堆出土的西汉图早约300年。该地图包括今甘肃天水伯阳镇西北的渭水流域和一部分放马滩周围水系，地图中有关地名、河流、山脉及森林资源的注记有 82 条之多。令人惊叹的是今天渭水支流以及该地区的许多峡谷在该地图中都可以找到，与《水经注》一书的记载相符。图中标明的各种林木，如蓟、柏、楠、松等同今天渭水地区的植物分布和自然环境也基本相同。专家们认为，该地图的出土为我国先秦发达的地图学文献资料提供了实物佐证。

世界上现今发现的最早的军用地图，是 1973 年 12 月在我国长沙马王堆三号汉墓出土的彩色绢绘驻军图。这张图画在一幅绢帛上，比例尺约为十万分之一，图上分红、蓝、黑三种颜色。居民点用黑色圆圈表示，山脉用黑色"山"字形符表示，河流用青色，道路用朱红色。这些地理要素均表示在第二层平面上，而且定位精确。在第一层平面上，突出表示军事部署：红色三角形城堡表示大本营，红黑两种套框表示九支军队的驻地、指挥点和关卡，红色线条区分防区的界线，层次分明，一目了然。据考证，这幅图是距今 2100 多年前汉文帝时绘制的。当时南粤王赵佗企图割据一方，破坏国家统一。这幅地图体现了当时的战局形势和双方的兵力部署。将地图作为将军的殉葬品，充分反映出古代军事家对地图的重视。外国军事专家认为，这幅《驻军图》证明，两千年前中国军事科学已经达到很高的水平，对研究我国古代军事具有重要参考价值。

知识链接

随着科学技术的发展，人类现在已经学会创造性地使用种类繁多的图层来表达现实世界。但现代地图中仍然沿用了许多古代地图的表达方法，如用双线表示道路、用文字作注记、用蓝色表示水体等。

通古斯大爆炸的秘密

　　1908 年 6 月 3 日早晨，在俄罗斯西伯利亚的通古斯地区发生了一次惊天动地的大爆炸。当天，在瓦纳瓦拉北 50 千米的森林上空突然出现一个大火球，伴随着噼里啪啦的怪声，火球拖着长长的尾巴冲下来，这突如其来的景象使人们都惊呆了。接着人们看到巨大的火柱直冲云霄，慢慢地又变成黑色的蘑菇云，同时，人们还感到灼人的热浪迎面扑来。这热浪如此厉害，以致使人倒地而爬不起来。据后来调查得知：在距火球 400 千米范围内，强有力的冲击波推倒了墙壁并席卷了屋顶。在距火球 800 千米范围内，有一列火车正在行驶，震耳欲聋的爆炸声吓到了旅客，他们几乎被掀了起来，火车也受到强烈的震动。距火球 1500 千米的范围内，人们都能看到火球的坠落。

　　大爆炸产生了极大震动，欧美地震仪都记录到了它的震动，地磁仪也受到明显干扰。爆炸的当量相当于 1000 万吨梯恩梯炸药，它使爆心地区有 6 万株大树倒下，1500 只驯鹿被击死。

　　由于通古斯地区地处偏远，大爆炸发生的最初十几年中，一直无人问津。直到 1927 年，苏联的地质学家库里克才带队亲临现场考察。一望无际的被烧焦的树木，使考察队员得出结论：大火是在大范围内辐射燃烧起来的。部分考察队员推测，大火是由火山喷发引起的。但爆炸区内，并没有找到火山口，显然，这种推测是错误的。库里克决心弄清大爆炸的真正原因，他访问了许多火球从天而降的目击者，并先后 4 次进入通古斯地区，进行了详尽的实地考察，最后，他得出结论：一颗庞大的陨石在快速运动中，与大气摩擦后，充分燃烧分解，引起大爆炸。但是，如果真是这种情况，就一定能在该地区找到陨石碎片，遗憾的是，库里克和众多考察队员，费尽了周折，也没有找到任何陨石碎片。

1945 年 8 月，第二次世界大战后期，美国在日本的广岛投下了震惊世界的第一颗原子弹。这颗在距离地面 548.64 米（1800 英尺）上空爆炸的原子弹，给广岛人民带来了巨大的灾难。然而，广岛原子弹的破坏景象却意外地给研究通古斯爆炸的科学家们以新的启示。那雷鸣般的爆炸声、冲天的火柱、蘑菇状的烟云，还有剧烈的地震、强大的冲击波和光辐射，这一系列的现象与通古斯大爆炸极其相似。更令人惊异的是，由于强烈的原子辐射，广岛人民与通古斯驯鹿一样，皮肤上也长出了奇怪的疥癣。同时，在通古斯大爆炸附近的树林中发现了放射性物质。因此，苏联的一位军事工程专家第一次大胆地提出了通古斯爆炸是一场热核爆炸的新见解。但是，人类掌握核爆炸的技术是在 20 世纪 40 年代，那么 1908 年的核爆炸是如何产生的呢？只能有一个解释：此乃外星人所为。一时间，这一观点轰动一时，整个世界为此沸沸扬扬。科学家们纷纷推测是不是外星人的飞船事故呢？还是外星人在地球上做的实验？然而，这种推测却找不到任何科学的依据。

大多数科学家认为，引发通古斯爆炸的是一种特殊的物体，其特点是强动能、低密度、低强度和高挥发性。只有拥有了上述特性，爆炸发生后该物体便立即遭到破坏并迅速蒸发。从种种迹象来看，拥有这一特性的物体很可能是由冰和气体构成的彗星，或者是混入高熔点微粒的雪状气体。在事发当地的土壤中，科学家们找到了含硅酸盐和磁铁矿的微粒，其外部特征很像陨石粉末和燃烧残余的彗核。

有的科学家还说构成通古斯陨石的是一种"反物质"，而通古斯陨石坠落后发生的爆炸是这种"反物质"和地球"物质"相互作用的结果。但是通古斯爆炸发生当地并没有发生放射现象加强的情况。还有一种更有趣的设想：通古斯陨石很可能是一种微型黑洞，它在撞击到通古斯森林中后穿过地球进入了大西洋。但不管是多么完美和离奇的设想，最终都经不起进一步研究的推敲和具体细节的考证，这些设想自然也就只能破灭。

现在，科学家普遍认为，导致通古斯大爆炸的罪魁祸首要么是彗星，要么是小行星。根据地面上没有陨石坑，科学家认为那个物体没有与地面相撞，而是在空中发生爆炸，爆炸产生的冲击波导致了这场大灾难。

　　古往今来，人类在自然的奥秘面前，从来没有、也永远不会屈服！为了最大限度地获得对于宇宙和自然的认识，更为了创造人类社会美好的明天，人们世代相继，不懈地探索、拼搏、奋斗着，对通古斯大爆炸的研究就是一个很好的例证。

会"说话"的化石

  20世纪初，德国科学家魏格纳根据地球上各大陆的轮廓以及地层和古生物学方面的资料，提出了大陆漂移的理论，认为从石炭纪末到三叠纪这一相当长的时间段里，至少现在主要位于南半球的非洲、南美洲、澳大利亚、南极大陆以及印度次大陆这几个大陆块曾经是一个整体——泛大陆。从侏罗纪开始，泛大陆解体并逐渐漂移，最终到达了现在各自的位置上。到了20世纪60年代，法国科学家勒皮雄等人提出了"板块构造学说"。这一学说发展至今不仅使大陆漂移几乎成为不争的事实，而且为引发其漂移的板块构造运动的驱动力问题提出了一系列的解释。许多地球科学中的疑难问题"迎刃而解"，一些动物和植物化石也不断地对它给予证实和补充。

  水龙兽是一种体长1米左右与哺乳动物类似的爬行动物，其化石发现于南极洲、南非、印度和中国。这种相同的古生物化石发现于不同大陆的情况曾经极大地激发了当时那些支持大陆漂移理论的科学家们的热情。从20世纪50年代开始，新的化石证据纷纷被发现，有关报道纷至沓来。

  南非和南美洲的东部都发现有一种叫做中龙的水生爬行动物，当时科学家认为这种小型的爬行动物是生活在淡水水域里的，不可能游过广阔的海洋在南非和南美洲之间迁徙或散布，因此认定它是大陆漂移的有力证据。

  科学家认为，距今2亿3千万年到1亿9千5百万年前的三叠纪是大陆漂移的一个重要时期，因此他们下了很大的工夫追踪这一时期的古生物化石。从20世纪50年代到70年代，除了陆续在南极洲、南非、印度和中国的新疆等地区发现三叠纪早期的水龙兽化石之外，还在位于北美洲的美国亚利桑那州三叠纪晚期的黄昏鳄、原鳄和位于南美洲的阿根廷

47

的假黄昏鳄、半原鳄之间找到了许多相似之处。此外，科学家还在美国、苏格兰、德国、印度和阿根廷都发现了三叠纪晚期的一类爬行动物——锹鳞龙科动物——的化石。

在我国找到的证据还不仅仅是水龙兽。位于广东省的南雄盆地发现的东方贫齿兽就极大地动摇了过去古生物学家认为"就像有袋类是现代澳大利亚的象征一样，贫齿兽是古南美洲大陆的象征"这一结论。据此，一些科学家认为，我国的广东南雄盆地曾经是南美洲大陆的一部分，后来才不远万里地漂移到我国南方并与这里的古大陆拼接在了一起。其他证据还包括曾经在南极洲的横断山区泥盆纪早期地层中发现的一种原始鱼类——沟鳞鱼，不仅常常在我国华南地区的同期地层中出现，还出现于远在北方的甘肃省靖远一带。

植物化石中，原始的裸子植物舌羊齿是支持大陆漂移的一个举世闻名的例子。这种植物曾经广泛地分布在澳大利亚、南美洲南部、马尔维纳斯群岛、南极洲、非洲中南部和印度这些在现代彼此已经分隔很远的地区中。作为裸子植物，舌羊齿的种子不可能迅速地随风或随海流散布；在其生活的二叠纪时期大约距今 2 亿 8 千万年至 2 亿 3 千万年前，当时鸟类还没有进化出来，因此也不可能成为这类植物的种子漂洋过海进行远途散布的携带者。

在无脊椎动物方面，一些科学家分析后发现，在巴西沿海盆地生存过的白垩纪早期的淡水介形类当中，有 20 个物种与在非洲加蓬沿海盆地中同一时期的 20 个物种完全一样。在南极洲俄亥俄山脉的二叠纪地层中，也发现了曾经分布在澳大利亚、南美洲和非洲的著名"孪氏叶肢介"以及一种大翼昆虫的化石。在南极洲的横断山脉寒武纪地层中还发现了与我国同时期完全相同的 11 个属的三叶虫。这些发现都成为大陆漂移的佐证。

智慧人生

重大科学发现一般是在学科交叉的生长点上出现的，因此综合分析能力是实现科学创新的重要素质之一。作为气象学家的魏格纳并不具有比地质学家和生物学家更丰富的地质及生物学知识，但他却能把这两方面的知识联系起来，最终创造出了全新的理论成果。

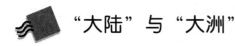

"大陆" 与 "大洲"

打开世界地图可以看到，地球上的陆地，一块块地散布在世界的海洋上。这些陆地，大块的叫大陆，小块的叫岛屿。全世界共有6块大陆，它们分别是东半球的亚欧大陆、非洲大陆、澳大利亚大陆，西半球的北美大陆和南美大陆，以及地球最南端的南极大陆。亚欧大陆是世界上面积最大的大陆，澳大利亚大陆是面积最小的大陆。比澳大利亚大陆面积小的陆地，就叫做岛屿。地球上大陆和岛屿的面积加起来约14900万平方千米，相当于15个中国。

大陆和它附近的岛屿合起来叫做大洲。亚欧大陆虽然是一个整块的陆地，却又分为亚洲和欧洲两个大洲。这样，世界上的大陆是6个，而大洲却是7个，即亚洲、欧洲、北美洲、南美洲、大洋洲、南极洲、非洲。

大陆和大洲的主要区别在于，大陆一般指整个大陆板块本身，大洲习惯上把大陆附近的各个岛屿都囊括其中；此外，大陆都有天然界限，如澳大利亚大陆和南极大陆完全为大洋包围，亚欧大陆和非洲大陆之间，南、北美洲大陆之间，过去虽然有非常狭窄的地峡相连，但自从苏伊士运河和巴拿马运河开通之后，连这种细小的联系也被切断，可视同于四面环水了。由于以上原因，大陆的划分向来都很简单，大洲的范围和界线在有些场合（如亚洲和欧洲，亚洲和大洋洲之间），就不那么明确，划分细则在专业领域内长期存在争议。

为什么既有"大陆"又有"洲"呢？这主要是因为大陆是地质学和自然地理学上的概念，单纯从地质构造和自然地理因素出发，不考虑任

趣味地球科学故事

何社会因素，洲的划分则受人类发展历史的影响。最明显的是亚欧大陆，原本是一个巨大陆块，而且从地质构造和平面形态上看，欧洲好比是这块巨陆的一个半岛。但从古希腊甚至更早的时代起，人们就把这块大陆区分为二，各有名称。当时也许是因为古人地理知识的局限所导致，后来由于习惯沿用的关系，加之两边的社会经济、历史文化等很多方面差异显著，人们就仍然沿袭这样的划分。又如大洋洲，它的众多岛屿与澳大利亚大陆相距甚远，地质构造上也很难说有什么联系，但为方便起见，同时考虑到大洋洲居民彼此间的历史关系，还是把它们划作一个大洲。

不仅如此，像南、北美大陆除了南、北美洲的区分以外，还有另外一种划分方式。那就是把北美洲的南半部，即墨西哥和有时被人们称为"中美洲"的那一部分、连同西印度群岛和南美洲并为一个大洲，即拉丁美洲。拉丁美洲这个名称的来由与这一地区流行的语言有关。从 15 世纪末开始，这个地区的绝大部分国家先后沦为西班牙和葡萄牙的殖民地，大批移民蜂拥而入。19 世纪以后，这些国家才陆续获得独立。由于殖民统治长达 300 年之久，因此它们深受西班牙和葡萄牙的社会制度、风俗习惯、宗教信仰和文化传统的影响，而且当地的印第安语逐渐被属于拉丁语系的西班牙语和葡萄牙语所取代，这两种语言成为许多国家的国语，因此，人们自然而然地把它们视为一个统一的地理单元，并广泛使用"拉丁美洲"这一概念。

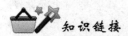 知识链接

> 　　大洲的划分是在人们逐步认识世界的过程中形成的，它是山川相隔的人类对不甚了解的另一个世界的概括。地质学家预测，地球大陆板块的运动是周期性运动，每 5 亿至 7 亿年将重新合并。届时，六块大陆将重新联合成为"超级大陆"，而七大洲的称谓也必将随之改变。

为何叫作七大洲

　　我们知道，世界划分为七大洲，分别是亚洲、非洲、北美洲、南美洲、南极洲、欧洲和大洋洲，七大洲的名称是怎么来的呢？其实，古人在很早以前就为这七大洲取下了现在的名字。

　　亚洲的全称是亚细亚洲，意思是"太阳升起的地方"，其英文名为Asia。相传亚细亚的名称是由古代腓尼基人所起。腓尼基是历史上一个古老的民族，腓尼基人自称为闪米特人，又称闪族人，生活在地中海东岸相当于今天的黎巴嫩和叙利亚沿海一带。公元前 10 世纪至公元前 8 世纪，他们曾经建立过一个高度文明的古代国家。腓尼基人是古代世界最著名的航海家和商人，他们驾驶着狭长的船只踏遍地中海的每一个角落，地中海沿岸的每个港口都能见到腓尼基商人的踪影。频繁的海上活动，要求腓尼基人必须能够确定方位。因此，他们把爱琴海以东的地区泛称为"Asu"，意为"日出地"；而把爱琴海以西的地方则泛称为"Ereb"，意为"日没地"。Asia 一词是由腓尼基语 Asu 演化来的，当时其所指的地域不很明确，范围也很有限。直到公元前 1 世纪 Asia 成为罗马帝国的一个行政省的名称以后才逐渐扩大，包括了现今整个亚洲地区。

　　非洲是阿非利加洲的简称，阿非利加一词来自希腊语，是"阳光炽热"的意思。传说"阿非利加"是居住在北非的柏柏尔人崇信的一位女神的名字，这位女神是位守护神。早在公元前 1 世纪，柏柏尔人曾在一座庙里发现了这位女神的塑像，她是个身披象皮的年轻女子。此后，人

趣味地球科学故事

们便以女神的名字"阿非利加"作为非洲大陆的名称。古罗马帝国后来在这里建立了阿非利加省。那时，这个名称只限于非洲大陆的北部地区。到了公元 2 世纪，罗马帝国在非洲的疆域扩大到从直布罗陀海峡到埃及的整个东北部的广大地区，人们把居住在这里的罗马人或是本地人统统叫阿非利干，意为阿非利加人。

北美洲和南美洲合称美洲。美洲的命名，普遍的说法是为纪念意大利的一位名叫亚美利哥的著名航海家。1499 年，亚美利哥随同葡萄牙船队从海上驶往印度，他们沿着哥伦布所走过的航线向前航行，克服重重困难终于到达美洲大陆。亚美利哥对南美洲东北部沿岸做了详细考察，并编制了最新地图。1507 年，他的《海上旅行故事集》一书问世，引起了全世界的轰动。在这本书中，他叙述了"发现"新大陆的经过，并对大陆进行了绘声绘色的描述和渲染。于是，法国几位学者便以亚美利哥的名字为新大陆命名，以表彰他对人类认识世界所做的杰出贡献。在他们编制的地图上也加上了新大陆——亚美利哥洲。后来，依照其他大洲名称的构词形式，"亚美利哥"又改成"亚美利加"。起初，这一名字仅指南美洲，到 1541 年，北美洲也算美洲的一部分了。

南极洲英文名源于希腊语"相反"再加上"北极"，意为北极的对面。南极洲原来曾被认为是像北冰洋一样的冰海，科学家很迟才发现是南极大陆，因此称其为"第七大陆"。它位于地球最南端，土地几乎都在南极圈内，四周濒临太平洋、印度洋和大西洋。

欧洲的全称是欧罗巴洲。"欧罗巴"一词最初来自闪米特语的"伊利布"，意思是"日落的地方"或"西方的土地"。希腊神话中，欧罗巴是腓尼基的公主。"万神之王"宙斯看中了欧罗巴，想娶她做妻子，但又怕她不同意。一天，欧罗巴在一群姑娘的陪伴下在大海边游玩。宙斯见到后，连忙变成一匹雄健、温顺的公牛，来到欧罗巴面前，欧罗巴看到这匹可爱的公牛伏在自己身边，便跨上牛背。宙斯一看欧罗巴中计，马上起立前行，躲开了人群，然后腾空而起，接着又跳入海中破浪前进，带欧罗巴来到远方的一块陆地共同生活。之后，这块陆地也就以这位美丽的公主的名字命名，叫做欧罗巴了。

大洋洲这个洲名的概念和范围，比地球上其他六大洲要复杂一些，至今还没有一个国际公认、统一的解说。大洋洲在一些国家和地区又被称为澳洲，是澳大利亚洲的简称。"澳大利亚"一词来源于西班牙文，意思是"南方大陆"。人们在南半球发现这块大陆时，以为这是一块一直通到南极洲的陆地，便取名"澳大利亚"。后来才知道，澳大利亚和南极洲之间还隔着辽阔的海洋。大洋洲的名称最早出现于 1812 年前后，是由一位丹麦地理学家命名的。

 知识链接

在世界七大洲中，亚洲和欧洲是连为一体的，大部分位于北半球。非洲位于欧洲的南方，赤道横贯全洲的中部。北美洲和南美洲都位于西半球，赤道通过南美洲北部。南极洲位于地球最南端，绝大部分处在南极圈内。

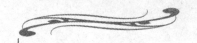

何为七大洲之首

　　地球上大陆和它附近的岛屿合称为洲。全球共有七大洲。其中，亚洲的面积约 4400 万平方千米，占世界陆地总面积 29.4%，比 4 个欧洲还要大，是七大洲中的"冠军"。

　　亚洲位于东半球的东北部，只有东北角的一小部分在西半球。它北临北冰洋，东临太平洋，南濒印度洋。大西洋虽然不是亚洲的紧邻，但是它通过地中海和黑海和亚洲西部相接。亚洲的西北部和欧洲连成一片，通称亚欧大陆，一般以乌拉尔山、乌拉尔河、高加索山和土耳其海峡为两洲分界；西南部和非洲相邻，交界线就是红海和苏伊士运河；东南部的马来群岛隔帝汶海和阿拉弗拉海与大洋洲相望。北美洲虽说在浩瀚的太平洋彼岸，但是，它的西北角和亚洲的东北角几乎相遇，中间只隔着一条最窄处仅 86 千米的白令海峡。

　　亚洲地形的第一个特点是地形复杂多样，地势起伏很大。有平均海拔在 4000 米以上的青藏高原，号称"世界屋脊"；有世界最大的山脉喜马拉雅山脉和海拔 8844.43 米的世界第一高峰珠穆朗玛峰；有湖面鸥地地中海海面 392 米的死海低地；有菲律宾群岛外侧深达 10497 米的菲律宾海沟；有高峻的山地和宽广的高原，也有肥沃的平原和巨大的盆地。千差万别、复杂多样，高峰与深海沟之间，竟相差近两万米。亚洲地形的第二个特点是以山地和高原为主，高原和山地约占全洲总面积的 3/4。亚洲大陆的平均海拔高度约 950 米，除了被厚层冰雪覆盖的南极洲以外，它是世界上地势最高的一个洲。

在亚洲大陆东面和南面广阔的海洋上，分布着许多岛屿，它们犹如一条彩色的缎带，环绕着亚洲大陆。人们形象地把它们叫做花彩列岛。因为这些岛屿连接起来好像一条弧形的锁链，所以又叫它岛弧。花彩列岛地形多以山地为主。这些山脉海拔大多在1000米以上，也有一些超过3000米的高峰，我国台湾岛上的玉山就高达3950米。其实，千岛群岛、琉球群岛和其他许多小岛，都是海底山脉露出海面的一些山顶。花彩列岛的活火山特别多，常常发生火山爆发，同时也多强烈地震。世界上80％～90％的地震，发生在环绕太平洋的岛屿和沿海地区，而占全球3/4以上的活火山都分布在环太平洋的岛弧上，构成了世界上有名的火山地震带。世界上的火山、地震为什么这样集中地分布在这些地区呢？原来，地球表面的地壳并不像鸡蛋壳一样完整无缝，而是由许多板块组成的。这些板块浮在地幔层上，像春天开冻时湖面上随波漂流的冰块，可以缓慢地移动。在板块与板块交界的地方，地壳运动特别强烈，岩层可能出现断裂和错动，也就容易形成火山和地震。花彩列岛正处于太平洋板块和亚欧板块交界的地方，火山、地震自然也就多了。

亚洲是世界上河流最多的大洲。长度在1000千米以上的河流就有60条。其中超过4000千米的大河也有7条，它们是长江、黄河、澜沧江（下游叫湄公河）、黑龙江、勒拿河、叶尼塞河和鄂毕河。长江和黄河还分别为世界第三、第五长河。

 知识链接

亚洲有48个国家和地区，总人口35.13亿，约占世界总人口的60.5％，以中国人口最多，人口在1亿以上的还有印度、印度尼西亚、日本、孟加拉国和巴基斯坦。黄种人约占全亚洲人口的3/5以上，其次是白种人，黑种人很少。在亚洲各国中，除日本为发达国家外，其余均是发展中国家。

趣味地球科学故事

"短小精悍"的欧洲

　　欧洲大陆与亚洲大陆同处一"陆"。公元 4 世纪初，人们以乌拉尔山为界限，人为地将其分开，乌拉尔山以东地区称为亚细亚洲，以西的地区则称欧罗巴洲。

　　欧洲是一个矮小的半岛大陆。其"矮"表现在平均海拔只有 340 米，是各大洲中最低的。高度在 200 米以下的平原约占全洲总面积的 60%，比例之高为世界各洲之冠。欧洲的"小"表现在面积小，其面积为 1016 万平方千米，仅占亚欧大陆的 1/5，在世界七大洲排第六位。

　　欧洲总面积的 1/3 以上属于半岛和岛屿，其中半岛面积又占全洲面积的 27%，这在世界各大洲中是罕见的。斯堪的纳维亚半岛、伊比利亚半岛、巴尔干半岛和亚平宁半岛是欧洲最大的半岛，次大的半岛有科拉半岛、日德兰半岛，克里木半岛和布列塔尼半岛等。众多的半岛和岛屿把欧洲大陆边缘的海洋分割成许多边缘海、内海和海湾。巴伦支海、挪威海、北海和比斯开湾是欧洲较大的边缘海，白海、波罗的海、地中海和黑海等则深入大陆内部，成为内海或陆间海。

　　欧洲的冰川地形分布较广，高山峻岭汇集南部。其中，阿尔卑斯山脉是欧洲最高大的山脉，平均海拔在 3000 米左右。这是非洲板块与欧洲板块碰撞后的一个"杰作"，其主峰勃朗峰海拔 4810 米，有"欧洲屋脊"之称。峰顶冰川密布，风光旖旎动人，为阿尔卑斯山最大的旅游胜地。地中海及沿岸区是两大板块的接触区，这里形成了南欧火山、地震的分布带。著名的维苏威火山、埃特纳火山，就在此分布带的意大利境内。1755 年葡萄牙里斯本发生了一次大地震，6 分钟就将里斯本古城摧毁。

平原和丘陵主要分布在欧洲东部和中部，主要有东欧平原（又称俄罗斯平原，面积约占全洲的一半）、波德平原（也叫中欧平原）和西欧平原。里海北部沿岸低地在海平面以下 28 米，为全洲最低点。

欧洲是一个多小湖群的大陆，湖泊多为冰川作用形成，如芬兰素有"千湖之国"的称号，全境大小湖泊有 6 万个以上，内陆水域面积占全国总面积 9％以上。

欧洲面积虽小，但国家数量却很多，因此长度不太大的河流，也往往一河流经多国，成为"国际河流"，如多瑙河、莱茵河、奥德河等。

欧洲的气候受北大西洋暖流和西风带影响很大，加上全洲地理纬度较高，为世界上温带海洋性气候分布面积最广的大洲。这里冬季不算太冷，夏季又不太热，这种气候特色，实为其他洲罕见。据人种学家研究，欧洲人种皮肤发白，与该洲温凉气候的长期"熏陶"有着很大的关系。

欧洲有不少国家是世界上最早进入资本主义社会的国家。在当今世界经济领域中，欧洲的经济发展水平是比较高的。

 知识链接

　　欧洲有 45 个国家和地区，现有人口约 7 亿，占世界总人口的 15％。欧洲平均每平方千米约有 70 人，是世界上人口最密集的一个洲。欧洲居民中 99％属白种人，但欧洲无单一民族的国家，每个国家都有几个或几十个、上百个不同民族，如苏联有 190 多个民族和部族，是世界上民族成分最复杂的国家之一。

趣味地球科学故事

 "人高马大"的非洲

非洲位于东半球的西南部，东濒红海、印度洋，西临大西洋，北隔地中海与欧洲相望，仅东北部以苏伊士地峡同亚洲相连。总面积约 3028 万平方千米，占地球陆地面积的 20.7%，仅次于亚洲居世界第二位。由于非洲主体大陆地形主要由较平坦、平均海拔为 750 米的高原组成，故非洲又称"高原大陆"。

非洲和亚洲原是一个整体，以狭窄的苏伊士地峡相连。苏伊士运河开凿以后，两大洲被分割开来，苏伊士运河和它东南方的红海就成了非洲与亚洲的分界线。非洲大陆的地势是从东南向西北倾斜的。大陆的东南部地势较高，大部分在海拔 1000 米以上，人们把它称为"高非洲"；西北部地势较低，叫做"低非洲"。

"高非洲"地区分布着三个大高原，从北向南依次是埃塞俄比亚高原、东非高原和南非高原。埃塞俄比亚高原平均高度在 1500 米以上，号称"非洲屋脊"。它是一个由火山喷出物堆积而成的熔岩高原。东非高原是一个湖光山色交相辉映的美丽高原。非洲最高的山峰乞力马扎罗山就坐落在东非高原上。东非高原还是非洲湖泊最集中的地区，这里有非洲最大的湖泊维多利亚湖和其他大大小小的湖泊，因而也称它为"湖群高原"。南非高原是非洲最大的高原，地势比前两个高原低，只在边缘部分有较高的山地。高原东南边缘的德拉肯斯堡山脉绵延 1000 多千米，山脉东南坡的悬崖峭壁俯视着辽阔的印度洋。

"低非洲"主要由刚果盆地和北非台地两部分组成。刚果盆地位于非洲的中部，是一个直径约 1000 千米的圆形盆地。盆地四周被 1000 米以上的高原山地所包围，盆地底部是海拔 300～500 米的丘陵和平原。刚果盆地的北面是辽阔的北非台地。这个台地平均海拔约 300 米，而且相当平坦。世界上最大的沙漠——撒哈拉沙漠，就分布在台地的北部。但在"低非洲"的西北部地中海沿岸，却分布着好几列大致平行的山脉。这一系列平行山脉的总名叫阿特拉斯山脉。阿特拉斯山脉南北两侧的景色大不相同，南面是荒凉的大沙漠，北面是历史上闻名的地中海沿岸的"粮仓"。

非洲有 4/5 的面积在南北回归线之间，一年内有两次太阳直射的机会，故绝大部分地区属热带，其余全为亚热带。全洲有 95% 的面积为热带和亚热带气候区；2/3 的地区终年炎热，其余 1/3 的地区为夏季炎热、冬季暖热。炎热面积之广，居各洲之首。非洲不仅气候炎热的面积广，而且炎热的程度之深也为各洲之冠。年平均最高气温有 1/4 的面积在 30℃ 以上。非洲气温不仅高，而且持续时间也长，全洲大部分地区年平均气温在 21℃ 以上的时间可长达 9 个月。因此非洲是一个名副其实的热带大陆。

非洲水力资源的蕴藏量占世界总藏量的 20％ 以上，刚果河是世界上水力资源最丰富的河流之一。尼罗河、尼日尔河、赞比西河等，急流瀑布也很多，赞比西河上的莫西奥图尼亚瀑布闻名世界。生物资源种类繁多，有檀木、花梨木等珍贵木材，热带草原中有波巴布树。非洲也是咖啡、枣椰、油棕和香蕉的故乡；特有的珍奇动物在热带森林中有大猩猩、河马、非洲象，热带草原中有斑马、长颈鹿，热带沙漠中有骆驼、鸵鸟等。另外，非洲还拥有丰富的土地资源和海洋资源等，为本洲经济发展提供了有利条件。

非洲是人类最早的起源地之一，在漫长的历史时期，为人类的发展做出了巨大贡献。特别是尼罗河下游，是世界上古文明发祥地之一。

 知识链接

非洲目前有 56 个国家和地区，总人口 7.48 亿，占世界人口总数的 12.9％，仅次于亚洲，居世界第二位。非洲主要居民为黑种人，其余为欧罗巴人种和蒙古人种。由于长期的殖民统治，非洲是世界上经济发展水平最低的一洲。目前，各国均属发展中国家。

被岛国环抱的大洋洲

大洋洲的意思是"大洋中的陆地"。大洋洲的范围有狭义和广义两种说法，狭义仅指太平洋三大岛群，即波利尼西亚、密克罗尼西亚和美拉尼西亚三大岛群。广义的除三大岛群外，还包括澳大利亚、新西兰和新几内亚岛，共1万多个岛屿，因而被称为"万岛世界"。大洋洲陆地总面积仅有约897万平方千米，只占世界陆地总面积的6％，是世界上面积最小的一个洲。

大洋洲中的澳大利亚大陆是一块地质年龄很古老的大陆。远在地球历史最早的太古代时期，它已有陆核生成，并由于岩浆分异作用，形成了许多有价值的金属矿床。由于南回归线横贯澳大利亚中部，使大陆气候呈现出又干又热的特点。热带、亚热带沙漠和半沙漠面积，占大陆的35％。地面河湖也显得稀少。澳大利亚距其他大陆非常遥远，故在动植物上，有许多"土生土长"的特有种类。光有袋目的动物，就有150种。此外，被誉为"珊瑚王国"的澳大利亚的东北海域，这里的一个珊瑚礁群——大堡礁，长达2000千米，为世界上最大的珊瑚礁。

美拉尼西亚群岛意思是"黑人群岛"，主要包括所罗门群岛、新赫布里底群岛、新喀里乡尼亚群岛和斐济群岛等。这些岛屿大部分是大陆岛，岛上热带森林茂密，出产珍贵的木材，盛产咖啡、可可、甘蔗等热带经济作物。

密克罗尼西亚群岛分散的小岛很多，有2500多个，密克罗尼西亚群岛就是"小岛群岛"或"微型群岛"的意思。这组群岛大部分岛屿是珊瑚岛，面积很小，100平方千米左右的岛屿还不到10个。多数岛屿无人定居，有人居住的岛屿只有100多个。

波利尼西亚群岛，意思是"多岛群岛"，这里岛屿数目多达几千个，许多岛屿上森林密布，盛产甘蔗、凤梨、咖啡、香蕉、烟草等。

大洋洲的地理位置非常重要。它地处亚洲、拉丁美洲和南极洲之间，东西沟通了太平洋和印度洋，是联系各大洲的海、空航线及海底电缆通过之地。其中关岛、中途岛等皆为太平洋航线上的中途站，还有许多岛屿成了霸权主义的军事基地。因此，大洋洲在国际交通、通信及战略上，都占有极为重要的地位。另外，它又是距离南极洲最近的洲之一，许多去南极进行考察、探险、捕鲸等活动的船只多在此停歇，增添航行中所需的物资。随着考察、开发南极洲的热潮到来，大洋洲的战略位置更加重要。正因为大洋洲的地理位置重要，因此16世纪以来这里一直是殖民主义、帝国主义角逐的场所，几乎所有的殖民主义国家都先后插手这个地方。在今天的大洋洲，澳大利亚和新西兰经济很发达，属于发达国家。尤其是澳大利亚，在南半球，从面积大小以及政治、经济等方面看都是一个大国。

 知识链接

> 大洋洲现有人口2900万人，仅及世界总人口的0.5%，平均每平方千米不足2.7人，是世界上常住人口最少、密度最低的一个洲。另外，大洋洲各地人口数量与密度差别很大，全洲65%的人口分布在澳大利亚大陆。

地形狭长的美洲大陆

　　如果将我们所在的东半球视为地球"正面"，在它的"背面"就是西半球，还有两个形似三角状的大洲——北美洲和南美洲，其对应的时区，与我们东半球正好差12小时。由于南美洲、北美洲两块大陆各居一方，并各自有其特点，故人们以巴拿马运河为界，把北部的美洲称为"北美洲"，把南部的美洲称作"南美洲"。

　　北美洲位居大西洋、太平洋和北冰洋之间。全洲面积2422.8万平方千米，为世界第三大洲。其中岛屿占410万平方千米，岛屿面积所占大洲的比例为世界各洲之冠。

　　北美洲的许多地块年龄在25亿年以上。按板块理论解释，本大陆是在最古老的四块原始陆块基础上，通过与其他板块不断碰撞、联合，使原古陆"增生"而逐渐形成今日之规模的。北美洲地形具有东西高、中部低，呈三大纵列带排列的大势。东带是久经侵蚀的阿巴拉契亚高地，西带是包括内华达山、海岸山、落基山在内的科迪勒拉山系的北段，中带为北美大平原。

　　科迪勒拉山系中的科罗拉多大峡谷，长400多千米，最深达1830米，为美洲最大的峡谷带。峡谷两侧古地层呈层状分布，是地学家研究地球历史的一部活"教科书"。北美中部大平原为世界大淡水湖的集中分布区，面积 1000 平方千米以上的湖泊就有 22 个。面积为 8.24 万平方米的苏必利尔湖被誉为"世界第一大淡水湖"。大平原中长 6262 千米的密西西比河为世界第四长河。北美东北部的格陵兰岛，是一个冰雪覆盖的冰原，全岛 84% 的地区都是冰，是仅次于南极的第二个大陆冰体，为世界大陆冰川面积最大的岛屿。

巴拿马运河到德雷克海峡之间的美洲被称作"南美洲"。全洲为大西洋、太平洋所包围，大陆轮廓北宽南窄，像个"直角三角形"，是一个海岸平直，缺乏半岛和岛屿的大洲。南美洲面积 1791 万平方千米，为世界人口密度最小的地区之一。

南美洲与北美洲特点较为相似，也具有东西高、中部低，三大纵向地带控制整个大陆地形的局面。南美洲西带的安第斯山脉是世界上最长的山脉。南美洲中部由北至南，由奥里诺科平原、亚马逊平原、拉普拉塔平原三大平原组成。其中亚马逊平原，面积 560 万平方千米，为世界上最大的平原。南美洲东部为高原区，其中，巴西高原是一个由多种变质岩组成的古老高原，因受长期风化侵蚀，海拔已不太高，仅有 300～1500 米，但其面积仍有 500 万平方千米，为世界面积最大的高原。

南美洲的森林面积十分广阔，是世界上重要的木材产地。亚马逊平原、圭亚那高原、巴西高原的东南部和智利南部的温带地区，以及安第斯山区都分布着大片的森林。由于南美洲热带面积广大，气候暖热、湿润，土壤肥沃，对发展多种多样的热带经济作物十分有利。另外，南美洲绝大多数国家都濒临海洋，沿海海域有丰富的渔业资源。南美大陆东岸亚马逊河河口东部海域、巴西东南面海域是南美洲著名的大渔场。

印第安人是南美洲原有的居民，他们世世代代生活在这块美丽富饶的土地上。在欧洲殖民主义者入侵以前，印第安人曾有过较高的文化艺术和农耕技术。欧洲殖民主义者入侵后，印第安人遭受残酷的屠杀，人口逐渐减少，现在有 3000 多万人，主要分布在安第斯山地和亚马逊河的中上游地区。从欧洲来的白人移民，主要是西班牙人和葡萄牙人。黑人

是被欧洲殖民主义者从非洲作为奴隶贩运来的。几百年来，由于各个种族之间互相通婚，形成了混血种人，其中印欧混血种人最多，分布地区也比较广。

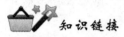

> 北美洲总人口达 4.62 亿人，约占世界总人口的 8%。北美洲有 23 个国家，其中，美国和加拿大为两个发达的资本主义国家，其他国家为发展中国家；南美洲人口 3.25 亿人，约占世界总人口的 5.6%，南美洲现已有 12 个独立国家，它们均是发展中国家，其中巴西的经济实力居南美之首。

孕生万物的海洋

在生命产生与发展的进程中，从无机物到有机物，从无生命物质到有生命物质，从单细胞生物演化到千姿百态的高级动物……这是一组富有创造性而又奇妙无比的交响曲。但是，无论现今的生命已经进化到怎样高级的程度，它们生命演化的最初、最关键的几步都是在原始海洋里进行的，没有海洋，就没有生命。

在 40 多亿年前，地球上已经有了海洋和大气，然而那时还没有生命，只是在原始星际的云状物中，存在着像碳、氢、氮等各种最简单的元素，后来出现了氧。生命的出现首先经历了漫长的化学过程。这些无机物质经过一番复杂的化合，产生了一种有机物质，这就是生命最原始的胚种。由于当时地球上气候恶劣，时而倾盆大雨，时而赤日炎炎，山崩地裂，飞沙走石，还要遭到大量紫外线和宇宙射线的袭击，因此，原始的生命是无法在陆地表面生存的。最后，它们明智地选择了海洋，尽管它们还没有思维。这些有机物质汇聚到汪洋大海之中，扮演了古代海洋里的重要角色。因而，有人说那时候的海，是一个溶有各种各样有机物的"肉汤般的海"。它们在混浊的海水中，互相碰撞、聚合，终于形成了原始蛋白质分子。经过若干亿年的不断演变，大约在 30 多亿年前，它们的功能更加复杂，结构更加完善，形成了组成现代细胞的两大基本物质——蛋白质和核酸。这些蛋白质和核酸构成的小颗粒，在海洋里生长着，它们吸收着阳光和营养，并且分裂着自己的身体，把自己变成 2 个、4 个、8 个……一代一代传下去，又经过了亿万年，才诞生了细菌。这是生命起源和发展过程中的一个较高级阶

65

段，是生命漫长演变历史中的一次飞跃。

约 30 亿年前，海洋里又出现了一种蓝绿色的生命——蓝绿藻。这些原始的藻类含有光合色素，在阳光的爱抚下，用阳光作能源，把水、二氧化碳和其他盐类合成为糖、淀粉和蛋白质等有机物，就像一座座精致的有机合成化工厂，从而使生命的链条一环一环地被连接起来。据研究发现，在距今 5 亿多年前，海洋里的原生动物就已经是十分活跃的"居民"了。这些原生动物有独立活动的本领，有刺激感应，它们能伸出一些树枝状的"小脚"，捕捉食物或改变自己"行走"的路线。到了 2 亿年前，海洋已是一个繁忙的世界，生命在它的怀抱里不断进化着。大约在距今 4 亿年前，蓝绿藻首先登陆，以后又有苔藓植物、蕨类植物、裸子植物和被子植物相继出现。这些植物的出现，给昔日荒山秃岭的大地披上了绿装，使各种微生物和昆虫找到了活动的场所。在距今 4 亿年前，海洋里还出现了一种无颚鱼，说起来，它还是人类的老祖宗呢！它们经过上万年的繁衍，成为海洋的主人。以后，不管地球上发生什么样的剧烈变化，总有一些无颚鱼的后代适应了已改变的生活环境，变换着自己的身体结构。到距今 3 亿年左右，这些无颚鱼越过潮间带爬上了陆地，成为既可在陆地，又可回到海洋里生存的两栖动物。随着陆地上氧气的增加，生物用来呼吸的肺也变得更加完善。顽强的生命抵御着来自各方面的侵袭，它们终于度过了两栖阶段，脱离了海洋。到了 2.3 亿年前的中生代，爬行动物开始大量繁殖，至 1.8 亿年前的一段时间，地球可以叫做爬行动物时代。此间，又出现了许多哺乳动物，又过了 1 亿多年，哺乳动物才成为陆地上的统治者。此外，鸟类也由另一支原始爬行动物演化而成，这些都为更高等生物的出现提供了适宜的条件。总之，海洋是生命的真正摇篮，是一切生物进化的发源地，所以说，海洋是万物之母。

知识链接

　　从生命的起源，到动植物的形成和登陆，直至人类的出现，海洋在生物进化的历史上有着不可磨灭的功绩。海水里溶解着各种各样的营养物质，为生命提供了丰富的养料。海洋把那些原始生命拥抱在自己的怀里，充足的海水使这些生命可以进行新陈代谢。直到如今，水也一直是生物的"命根子"。

海与洋的区别

海洋是地球表面除陆地水以外的水体的总称，人们习惯上称它为海洋。其实，"海"和"洋"就地理位置和自然条件来说，它们是海洋大家庭中的不同成员。可以这么说，"洋"犹如地球水域的躯干，而"海"连同另外两个成员——"海湾"和"海峡"，则是它的肢体。

洋，是海洋的中心部分，是海洋的主体。世界大洋的总面积，约占海洋面积的89％。大洋的水深，一般在3000米以上，最深处可达1万多米。大洋离陆地遥远，不受陆地的影响。它的水温和盐度的变化不大。每个大洋都有自己独特的洋流和潮汐系统。大洋的水色蔚蓝，透明度很高，水中的杂质很少。世界上共有4个大洋，即太平洋、印度洋、大西洋、北冰洋。

太平洋是世界第一大洋，它北起亚洲和北美洲之间的白令海峡，南到南极大陆；东起南、北美洲间的巴拿马运河，西迄亚洲中南半岛的克拉地峡。太平洋约占世界大洋总面积的1/2，大体近似圆形。大西洋位于欧洲和非洲以西，南、北美洲以东，大致呈S形，面积居世界第二位。印度洋位于非洲、南亚、大洋洲和南极洲之间，略呈三角形，其主体在赤道以南的热带和温带区域。北冰洋位于亚欧大陆和北美洲之间，大致以北极为中心，以北极圈为界，近似圆形。北冰洋比别的大洋浅得多，面积也最小。

海，在洋的边缘，是大洋的附属部分。海的面积约占海洋的11％，海的水深比较浅，平均深度从几米到二三千米。海临近大陆，受大陆、

趣味地球科学故事

河流、气候和季节的影响，海水的温度、盐度、颜色和透明度，都受陆地影响，有明显的变化。夏季海水变暖，冬季水温降低；有的海域，海水还要结冰。在大河入海的地方，或多雨的季节，海水会变淡。由于受陆地影响，河流夹带着泥沙入海，近岸海水混浊不清，海水的透明度差。

世界有多少海呢？国际水道测量局统计有54个，太平洋17个，大西洋14个，印度洋9个，北冰洋9个。最大的海要算太平洋的珊瑚海和南海，其次是大西洋的加勒比海、地中海和印度洋的阿拉伯海，最小的海是大西洋的亚速海和北冰洋的白海。

海按所处的地理位置不同，可分为边缘海、地中海和内海。位于大陆边缘，以半岛、岛屿或群岛与大洋分割，但水流交换通畅的海，被称为边缘海，如阿拉伯海、日本海以及我国的南海等，就属于边缘海。深入大陆内部，仅有狭窄的水道与大洋相通的海，被称为内海，如红海、黑海以及我国的渤海等，就属于内海。处于几个大陆之间的海，是地中海，如欧亚非大陆之间的地中海和中美洲的加勒比海，就属于地中海。世界主要的海有54个，太平洋最多，大西洋次之，印度洋和北冰洋差不多。

海按其所处的位置和其他地理特征，还可以分为三种类型，即陆缘海、内陆海和陆间海。濒临大陆，以半岛或岛屿为界与大洋相邻的海，称为陆缘海，也叫边缘海，如亚洲东部的日本海、黄海、东海、南海等；伸入大陆内部，有狭窄水道同大洋或边缘海相通的海，称为内陆海，有时也直接叫做内海，如渤海、濑户内海、波罗的海、黑海等；介于两个或三个大陆之间，深度较大，有海峡与邻近海区或大洋相通的海，称为陆间海，如地中海、加勒比海、红海等。此外，根据不同的分类方法，海还可以分成许多类型。例如，按海水温度的高低可以分为冷水海和暖水海；按海的形成原因可以分为陆架海、残迹海等。

海湾是洋或海延伸进大陆且深度逐渐减小的水域，一般以入口处海角之间的连线或入口处的等深线作为与洋或海的分界。海湾中的海水可以与毗邻海洋自由沟通，故其海洋状况与邻接海洋很相似。由于历史上形成的习惯叫法，有些海和海湾的名称被混淆了，有的海叫成了湾，如波斯湾、墨西哥湾等；有的湾则被称作海，如阿拉伯海等。

海峡是两端连接海洋的狭窄水道。海峡最主要的特征是流急，特别是潮流速度大。海流有的上、下分层流入、流出，如直布罗陀海峡等；

有的分左、右侧流入或流出，如渤海海峡等。由于海峡中往往受不同海区水团和环流的影响，故其海洋状况通常比较复杂。

 知识链接

地球上的海洋是相互连通的，构成统一的世界大洋。在地球表面，是海洋包围、分割所有的陆地，而不是陆地分割海洋。陆地主要集中在北半球，约占北半球总面积 39％，海洋面积约占 61％；在南半球，陆地面积仅占 19％，海洋面积约占 81％。我国大陆所濒临的水域均为海，而有的国家则濒临的是大洋。

海洋是如何形成的

　　地球表面积约 5.1 亿平方千米，凹下去的部分被液态海水所淹没，成为海洋，约为 3.6 亿平方千米，占地球总面积的 71%；凸出部分为陆地，约为 1.5 亿平方千米，占地球总面积的 29%。海洋的总面积差不多是陆地面积的两倍半。另外，海洋的平均深度达 3795 米，而陆地的平均高度却只有 875 米。如果将高低起伏的地表削平，则地球表面将被约 2600 米厚的海水均匀覆盖。你一定会问，海洋是怎样形成的呢？这么多的海水是哪里来的呢？

　　多数的看法是，大约在 50 亿年前，从太阳星云中分离出一些大大小小的星云团块。它们一边绕太阳旋转，一边自转。在运动过程中，互相碰撞，有些团块彼此结合，由小变大，逐渐成为原始的地球。星云团块碰撞过程中，在引力作用下急剧收缩，加之内部放射性元素衰变，使原始地球不断受到加热增温。当内部温度达到足够高时，地球内的物质包括铁、镍等开始熔解。在重力作用下，重的下沉并趋向地心集中，形成地核；轻者上浮，形成地壳和地幔。在高温下，内部的水分汽化与气体一起冲出来，飞升入空中。但是由于地心的引力，它们不会跑掉，只在地球周围，成为气水合一的圈层。位于地表的一层地壳，在冷却凝结过程中，不断地受到地球内部剧烈运动的冲击和挤压，因而变得褶皱不平，有时还会被挤破，形成地震与火山爆发，喷出岩浆与热气。开始，这种情况发生频繁，后来渐渐减少，慢慢稳定下来。这种轻重物质分化，产生大动荡、大改组的过程，大概是在 45 亿年前完成的。地壳经过冷却定型之后，地球就像个久放而被风干了的苹果，表面皱纹密布，凹凸不平。高山、平原、河床、海盆，各种地形一应俱全了。在很长的一个时期内，天空中水汽与大气共存于一体，浓云密布，天昏地暗。随着地壳逐渐冷却，大气的温度也慢慢地降低，水汽以尘埃与火山灰为凝结核，变成水滴，越积越多。由于冷却不均，空气对流剧烈，形成雷电狂风，暴雨浊流，雨越下越大，一直下了很久很久。滔滔的洪水，通过千川万壑，汇集成巨大的水体，这就是原始的海洋。原始的海洋海水不多，约为今天海水量的1/10。另外，原始海洋中的水含盐量不高，不像现在这样又苦又咸，但原始海洋中的有机分子要比现在海洋中的丰富得多。原始大气化学演化过程中所形成的氨基酸、核苷酸、核糖、脱氧核糖等有机分子都随着雨水冲进了原始海洋，并迅速下沉到原始海洋的中层，从而避免了因原始大气缺乏臭氧层而造成的紫外线伤害。又经过了不知多少年，原始海洋中的有机分子越来越丰富，这就为生命的诞生创造了必要的条件。后来，随着水量和盐分的逐渐增加，以及地质历史的沧桑巨变，原始的海洋逐渐形成如今的海洋。这是第一种有代表性的说法。

还有一种说法是，海水来自冰彗星雨。这是美国科学家提出的一种新的假说。这一理论是根据卫星提供的某些资料而得出的。1987年，科学家从卫星获得高清晰度的照片。当分析这些照片时，发现一些过去从未见到过的黑斑，或者说是"洞穴"。科学家认为，这些"洞穴"是冰彗星造成的。而且初步判断，冰彗星的直径多在20千米。大量的冰彗星进入地球大气层，可想而知，经过数亿年，或者更长的时间，地球表面将得到非常多的水，于是就形成了今天的海洋。但是，这种理论也有它不足的地方。就是缺乏海洋在地球形成发育的机理过程，而且这方面的证据也很不充分。

 知识链接

关于海洋的形成和海水的由来问题，科学界至今仍不能做出最为确定的答案。近年来又有科学家认为，海洋是在地球上酝酿形成的。它们之所以能产生，可能是因为早期的地球表面含有一层厚厚的氢，氢同地幔中的氧发生反应，从而形成了湖泊和海洋。

最大的大洋——太平洋

太平洋位于亚洲、澳大利亚、北美洲、南美洲和南极洲之间。2亿年前的古生代末期,太平洋称"古太平洋",也称"泛大洋"。在古代泛大陆"分家"之后,古太平洋分出了今天的四个大洋。虽然现在的太平洋比古太平洋面积已经大为缩小,但它的大小、年龄等仍称得上"老大哥"。它的面积有17967.9万平方千米,占世界海洋总面积的49.8%,等于其他三洋面积的总和,甚至比全球陆地面积的总和还大1/5,占全球表面积的35.2%。太平洋海水容积达7亿立方千米,几乎占全球水体的一半以上。

我国古代称太平洋为"海""沧海""东海"等。1513年9月26日,西班牙探险家巴斯科·巴尔沃亚在巴拿马海岸见到此洋,把它命名为"南海",与"北海"即大西洋相对而言。1520年,葡萄牙航海家麦哲伦受西班牙国王之命,率领船队寻找通往东方的西航路线,经过四个多月的艰险航程,越过风狂浪恶的大西洋,穿过狭窄险要、弯曲多礁的麦哲伦海峡,进入新的大洋。时逢这里天气晴朗温和,洋面平静如镜,碧水映着蓝天,航行几十天都是如此,与前段航路形成鲜明对比,因此,麦哲伦便把这个叫作"南海"的大洋改称为"和平之洋",汉译为"太平洋"。

太平洋是世界上最深的洋,包括边缘海在内平均深度在4000米左右。世界上深度超过6000米的海沟共有29个,仅太平洋就占了20个。世界上水深超过10000米的六大海沟,全部在太平洋。它们分别是11034

米深的马里亚纳海沟、10882 米深的汤加海沟、10542 米深的千岛海沟、10497 米深的菲律宾海沟、10374 米深的日本海沟、10047 米深的克马德海沟。其中，马里亚纳海沟的查林杰深渊，是地球的最深点。

太平洋的边缘海在世界上是数量最多的，大小有 20 个。其中珊瑚海是世界上最大的海，面积 479.1 万平方千米，平均水深 2394 米，海水总体积 1147 万立方千米，居世界各海之首。这里全年水温都在 20℃ 以上，是典型的热带海洋。由于几乎没有河水注入，海水很洁净，呈蓝色，透明度比较高，深水区也比较平静。这里不仅有众多的珊瑚，还分布着由珊瑚子子孙孙造就而成的成千上万的珊瑚岛礁。世界上最大的珊瑚暗礁群——大堡礁，绵延分布在大海的西部。它长达 2400 千米，北窄南宽，从 2 千米逐渐扩大到 150 千米，总面积 8 万多平方千米。在大堡礁礁石周围，遍布形形色色的海藻和软体动物，以及许多色彩艳丽的其他海洋生物。

太平洋还是世界上最暖的洋。表面水温年平均可达 19.37℃，比世界大洋表面的平均水温高出 2℃。太平洋岛屿"成员"也很兴旺，它的海岛是最多的，大小有数万座，其中，南太平洋就有两万个以上。太平洋还是珊瑚礁最多和分布最广的洋。其中澳大利亚大陆东北海岸的大堡礁最为著名，它全长 2000 余千米，为世界上规模最大的珊瑚礁群。整个大洋岛屿的总面积有 440 多万平方千米，约占世界海洋岛屿总面积的 45%。太平洋的洋流系统也最为完整。北太平洋环流按顺时针方向流动，南太平洋环流按逆时针方向运行。"大路朝天，各走一边。"

太平洋周围的"太平洋火环"是世界上最大的火山、地震分布带。全球 60% 以上的活火山和 80% 以上的地震都集中在太平洋。火山、地震的"肇事者"就是海底地壳沿着海沟的俯冲作用。地球物理学算出了各条海沟的海底俯冲速度，它们大多在每年七八厘米。千岛海沟、日本海沟、菲律宾海沟等就仿佛像无底的陷阱，西北太平洋海底正以每年近 10 厘米的速度钻入其中，于是，这些海沟两侧的地块渐渐聚合靠拢。比如上海与太平洋中的夏威夷群岛之间的距离就一直在缩短，夏威夷群岛正随着太平洋海底向西偏北方向移动。夏威夷群岛的檀香山，如今是游览胜地，但在几千万年后，檀香山连同整个夏威夷群岛都将葬身于日本海沟，而被拖进"地狱"之中。太平洋周缘的海沟，好似一张张吞吃海底

的大口。若干亿年后，整个太平洋洋底都可能会被地球这头怪兽所吞没。浩瀚无际的太平洋闭合消逝了，中国有可能与美国碰撞相遇，在两国之间将会升起一座像喜马拉雅山那样高峻的山岳。

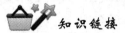 知识链接

太平洋沿岸和太平洋中，有30多个国家和一些尚未独立的岛屿，居住着世界总人口的近1/2的人。太平洋的名字很美，其实并不"太平"。在南纬40度，终年刮着强大的西风，洋面辽阔，风力很大，被称为"狂吼咆哮的四十度带"，那是有名的风浪险恶的海区，对南来北往的船只造成很大威胁。

最年轻的大洋——大西洋

大西洋位于欧洲、非洲、北美洲、南美洲和南极洲之间，总面积有9336万平方千米，为世界第二大洋。它的北部与北冰洋相接；东南和西南分别与印度洋、太平洋连通。

大西洋的名称源于古希腊神话中大力士神阿特拉斯的名字。普罗米修斯因盗取天火给予人间而违反了天条，诛连到他的兄弟阿特拉斯，众神之王宙斯强令阿特拉斯支撑石柱使天和地分开，阿特拉斯在人们心中成为顶天立地、高大威武的形象。最初希腊人以阿特拉斯命名非洲西北的山地，后因传说阿特拉斯居住在遥远的西方，人们认为一望无垠的大西洋就是阿特拉斯的栖身之所，故有此称。

"大西洋"这一名称在我国最早记载于明朝。利玛窦来华晋谒明神宗时，自称是"大西洋人"。他把印度洋海域称为"小西洋"，把欧洲以西的海域称为"大西洋"。在我国明朝年间，东西洋分界大体以雷州半岛至加里曼丹岛一线，其西叫"西洋"，其东叫"东洋"。因此我国习惯上把欧洲人称为"西洋人"，而把日本人称之为"东洋人"。随着明末对欧洲地理知识增多，于是改称印度洋为"小西洋"，而把欧洲以西的海域称"大西洋"。西方世界地理学和地图作品传入中国后，我国便以大西洋来加以命名，并一直沿用至今。

大西洋的起源，向来为人们所关注。根据最新海洋地质探察资料可

知，它是在古生代末的"泛大陆"基础上逐渐形成的一个"年轻"大洋，其寿命只有 1.6 亿年。科学家们已经证实，美洲、欧洲和非洲等从前是紧密相连的同一块陆地。后来，这块超级大陆仿佛受到致命的一击而遭重创，它的身体被划破了，在美洲和非洲之间裂开了一道长长的伤口。以后，这道伤口逐渐"恶化"，变得越来越宽，越来越深，超级大陆终于被肢解，西面的美洲和东面的欧洲、非洲从此"各奔前程"了。咆哮着的海水涌进了美洲和欧非陆块间的裂口，一个崭新的狭窄海洋就此诞生了。它便是今日大西洋的前身，或者说是一个幼年的大西洋。原先位于超级大陆上的那条伤口变成了幼年大西洋的洋底裂谷。幼年的大西洋沿着中央裂谷不断分裂并长出新的海底，老的海底被推向两边。大西洋渐渐地长大了，从一个狭窄的幼年洋扩展成今日浩瀚辽阔的成年大洋。两边的美洲、欧洲和非洲被扩张着的大西洋越推越远，到今天已相距数千千米之遥。

大西洋较大的边缘海、内海和海湾有地中海、黑海、比斯开湾、北海、波罗的海、挪威海、墨西哥湾、加勒比海和几内亚湾；著名的海峡有英吉利海峡，多佛尔海峡，直布罗陀海峡，土耳其海峡以及进出波罗的海的卡特加特海峡，厄勒海峡和大、小贝尔特海峡等；较大的岛屿和群岛有大不列颠岛、爱尔兰岛、冰岛、纽芬兰岛、大安的列斯群岛、小安的列斯群岛、巴哈马群岛、百慕大群岛、亚速尔群岛、加那利群岛、佛得角群岛、马尔维纳斯群岛以及地中海中的一些岛屿。

大西洋中的墨西哥湾暖流是世界上最大的暖流，其宽度达 60~80 千米，厚 700 余米，流速每昼夜达 150 千米，简直是大洋中一条"巨川"。这条暖流的北部延伸部分叫作"北大西洋暖流"，对于西欧、北欧的气候，有着加温加湿的作用。如欧洲西岸，要比同纬度的加拿大东岸的气温平均高 10℃左右。

大西洋是世界上航运最发达的大洋。欧洲至北美洲间的北大西洋航线是世界海运最繁忙的航线。生产原料、工业品、农产品等什么都运，两岸国家的旅游者也频繁来往。大西洋两岸海港很多，拥有世界海港总数的 3/4，全球海洋货运周转量的 2/3，货物吞吐量的 3/5。其中，荷兰的鹿特丹港为世界最大海港，年吞吐量常在 3 亿~3.5 亿吨。大西洋通过它东西两条著名运河——苏伊士运河和巴拿马运河——与印度洋、太平洋相通。

知识链接

　　大西洋沿岸和大西洋中有近 70 个国家和地区。欧洲西部，南、北美洲的东部，非洲的几内亚湾沿岸，濒临辽阔的大西洋，是各大洲经济比较发达的地区。加勒比海、墨西哥湾、北海、几内亚湾和地中海均蕴藏丰富的海底石油和天然气。据估计，大西洋各海石油总储量在 150 亿吨以上。

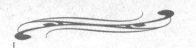

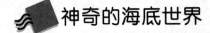

神奇的海底世界

　　大海是个富饶的宝库，也是世界上最神奇的地方。深深的海底世界，对每个人来说，都是一个非常神秘的地方。因为，我们只能看到一眼望不到边的海面，而海底下面是什么样子呢？

　　在海洋与陆地相接处，我们可以看到一小部分地面，当海水升高时它被淹没，而海水退落后它又露出，这条镶在陆地边沿的"带子"，被称为海岸带。海岸带随着地形的不同而弯弯曲曲，形状各异，有宽有窄，平坦处可宽达几十千米，越是陡峭处，也就越窄细。在海浪的拍打下，海岸带也在令人难以觉察地改变着自己的形状，而江河入海口泥沙的淤积，也会使海岸带发生变化。

　　越过海岸带便可出现一片浅海区域，它好像大陆在海中的边架，缓缓地向海中延伸，这个大陆在海洋中的延续部分称为"大陆架"。大陆架海水很浅，一般仅几百米。各大洋大陆架的宽度差别很大。在大陆为平原的地方，大陆架一般很宽，可达数百至一千千米，如太平洋西岸、大西洋北部两岸和北冰洋的边缘。紧邻的大陆若是高原或山脉，大陆架宽仅数十千米，甚至缺失，如南美大陆西海岸那样。全世界的大陆架面积约有 2750 万平方千米，相当于非洲大陆的面积。那里，阳光充足、食物丰富，是水族们栖息繁衍的好场所。那畅游的鱼虾、蠕动的蟹贝、摇曳的海草……无不呈现出一片生机，真可谓是一个海底的水族乐园。

大陆架以下，坡度显著增加，深度也急剧加大，直到2000~3000米的深度，这个陡急的斜坡就叫大陆坡。它是大陆架向洋底过渡地带，宽度20~100千米不等，总面积和大陆架相仿。大陆架和大陆坡构成一个整体，由于它紧邻大陆，又是大陆的延伸部分，所以叫做大陆边缘。由此可见，大陆坡的底部才是大陆与大洋的真正分界。正是在这个分界处，地壳由于不同的地质结构而产生巨大的裂缝，出现了一系列狭长的深渊——海沟，它是洋底最深的地方。这一地带地壳至今仍在强烈活动，地震十分频繁，火山不时爆发。目前大洋中已发现20多条海沟，它们大部分在太平洋，深度一般在6000米以上，有的超过10000米。西太平洋边缘的海沟有10条之多，如阿留申海沟、千岛海沟、日本海沟、马里亚纳海沟、菲律宾海沟、汤加海沟等。其中马里亚纳海沟深达11022米，为目前大洋已知的最深处。

大陆坡底部已不再是热闹繁华的世界，深深的海水阻挡了阳光的透射，海底是黑暗的。在这种暗无天日的地方，植物已不可能生存，水族也显得稀少，没有了大陆架那种生机勃勃的景象。从大陆坡再向下去，便可看到一片比较平坦的地区，这一海底叫"大陆基"。它的平均深度为3700米，宽度从100千米到1000千米。这一地带就好像我们陆地的平原一样，而且比陆地的平原还要平坦。但是这个平原由于海水太深，一般没有生命存在。穿过这平坦的"平原"，便来到了深海区。这个区域在海底所占面积最大，约占洋底面积的75%，平均水深为4~6千米。科学家将这个深海区叫作"大洋盆地"，大洋盆地的大部分地区地势平坦，但也有深深裂开的海沟、几千米高的山脉和高原、狭长蜿蜒的海脊和一些突然隆起的海山等。广阔的大洋盆地离陆地很远，已不再有江河带来的泥沙，海底多半是红色的深海沉积物，这是生物尸体和火山灰等物质在强大的压力下，经过化学作用变成的红黏土。

在大洋盆地，最吸引人的要算是海底山脉了。在各大洋的中部，都有一条高峻脊岭，它们虽然走向曲折，但彼此相接，全长约80000千米，贯通四大洋，一般统称为大洋中脊。最壮观的是大西洋中脊，宽为1500~2000千米，约占大西洋面积的1/3，相对高度为1000~3000米，巍

然耸立于洋底之上。它的位置居中，距东西两岸几乎相等，山脉走向呈 S 形，与两岸轮廓一致，"中脊"之名即由此而来。

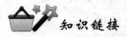

知识链接

> 人类赖以生存的地球表面是由不断合而分、分而合的大陆及不断张开和关闭着的大洋组成的，海洋和陆地就是这样处在永不止息的运动变化之中。海底目前的这种构造实质上就是海底板块生成—运动—消亡的结果。

百慕大源何称为 "死亡三角"

在大西洋上，美国东南沿海区，大、小安的列斯群岛和北大西洋海岭之间，有一片广阔的海域，叫做马尾藻海。在马尾藻海上有一群小岛，称为百慕大群岛。大致以百慕大群岛为顶角，大安的列斯群岛北部沿岸为底边，做出一个三角形，这个三角形地区，就是近几十年来引起全世界极大关注的百慕大三角区。

百慕大三角区是由 360 多个岛屿组成的群岛，这些岛屿好似圆形的环躺卧在大西洋上，由于百慕大群岛与美洲大陆之间有一股暖流经过，因此，这里气候温和，四季如春；岛上绿树常青，鲜花怒放。百慕大又被称为地球上最孤立的海岛，因为它与最接近的陆地也有几百英里之遥，所以，百慕大群岛四周是辽阔的海洋，具有蓝天绿水，白鸥飞翔，花香四溢的秀丽风景。不过，百慕大之所以出名，并非是由于它美丽的海岛风光，而是，提起百慕大，人们就会联想到恐怖而神秘的 "百慕大三角海区"。相传，在这里航行的舰船或飞机常常神秘地失踪，事后不要说查明原因，就是连船舶和飞机的残骸碎片也找不到。以至于最有经验的海员或飞行员通过这里时，都无心欣赏那美丽如画的海上风光，而是战战兢兢、提心吊胆，唯恐碰上厄运，不明不白地葬送鱼腹。

1945 年 12 月 5 日美国海军航空兵第十九中队的 5 架飞机，在这个海区上空编队飞行时突然失踪；1968 年 9 月，在一个风平浪静的日子里，一架 "C132" 客机飞入 "三角" 海区时突然坠落，机上 27 人无一生还。据不完全统计，近数十年来，在三角区失踪的飞机约 40 架，死难者在400 人以上。

在飞机不断失踪以前，百慕大三角海域被人们称为"吞没船只的海""船的墓地"。据记载，最早在百慕大三角区被吞没的船只，是1800年8月失踪的美国"起义者"号，载客340名。1918年3月4日，美国"独眼龙"号在由巴巴多斯驶往弗吉尼亚州的诺福克的途中失踪。"独眼龙"号是一艘海军运煤船，船上有308人。当时正是第一次世界大战时期，因而对它的失踪提出了各种各样的猜测：可能是由于海啸；也可能是撞上了水雷，或遭到德国潜艇的袭击；甚至也可能是船长的残暴行为，引起水手们的哗变，或被亲德的船长出卖给了敌人。但是，后来查证德国海军记录，当时这个地区并没有德国的潜艇或水雷。"独眼龙"号的失踪是海军年鉴上最迷惑的秘密之一，也是最有名的失踪事件。特别引人注目的是"硫黄皇后"号，在1963年2月2日经佛罗里达海峡时失踪。因为这是一艘大型货船，船员有39名。失踪数天以后，海岸警卫队的飞机和舰只才开始搜索，至2月15日搜索中断。但5天以后，海军报告在基韦斯特以南海面上发现了"硫黄皇后"号上的一件救生衣。于是，搜索又重新开始了，结果仅仅找到了另一件救生衣。随后调查失踪的原因，认为可能是硫黄爆炸，或是撞上了水雷，甚至可能是被古巴人劫持等。

据资料介绍，从1914年以来，在百慕大三角海区失踪船只400多只，飞机上百架，人员2000多名。尽管每次事发后，有关当局立即派出大量人员进行搜索营救，但结果都是一无所获。且不说连一具遇难者的尸体都找不到，就连那些飞机和船舶的残骸也全无一丝踪迹。这使得越来越多的人意识到，在这一地区存在着一个使人无法理解的具有严重威胁性的谜。为了解开这个谜，许多科学家不断对这个三角海区进行考察、研究。关于为什么飞机、船只经常在"死三角"海区失事，大体有两种说法：一是这个海区海流复杂，并有海龙卷、地震等自然现象，飞机和船只遇到这些可怕的现象，便可能失事；二是"死三角"海区有一个强大的磁场，干扰飞机和船只的正常航行，并使之失事。1977年2月一位探险家和他的四个伙伴，乘水上飞机飞往"死三角"海区，在那里逗留了数天。他们发现了一种奇怪的现象：一天晚上吃晚饭时，他们使用的叉子突然弯曲了，同时飞机上的十几把钥匙都变了形，甚至罗盘上的指针也偏离了40度。后来，又有人在这个海区内发现了一座底边长300米，高200米的大金字塔，塔上有几个赫然大洞，海水从中高速穿过，浪潮汹涌澎湃，海面雾气腾腾。有人认为，过往船只如遇到这种情况，便可能被卷进海底。此外，为了解开这个三角海区之谜，还有人提出了其他种种假说，如"强烈的次声波""全球 12 个异常地区说""飞碟"等，但均未能获得公认。

由美国、苏联和法国科学家组成的调查"百慕大神秘三角"之谜的小组，利用在太空运行的人造卫星进行侦察，揭开了这一神秘的百慕大三角之谜。根据激光扫描的照片发现，在这个三角地区有一个威力无穷的巨型湍流漩涡。领导这个调查小组的首席科学家阿科尔博士表示，这个巨型漩涡出现时只不过 3 秒钟，但其威力无穷，令人难以置信。它的吸引力之强，比地球上任何飓风、大地震或火山爆发的威力都强得多，与月球影响地球潮汐的万有引力相比毫不逊色，它可以影响月球上的天气。这个巨大的漩涡的出现，飘忽不定，难以捉摸，要在大西洋寻找到它，真像大海捞针。这也是前人未能解释百慕大三角之谜的主要原因。当突如其来的巨大漩涡出现时，海上的舰船、空中的飞机都将被卷入海底，造成机、船失踪。那么，这么大的巨型湍流漩涡，究竟是怎样形成的呢？这个问题，还有待人们进一步探索。

 知识链接

"百慕大三角"是地球上最具传奇色彩的区域之一，传闻中曾有一连串的飞机、航船在此失踪。以至于百慕大三角已经成为那些神秘的各种失踪事件的代名词。不过，科学家的勘查船却勇敢地闯进了这片传说中的恐怖海域，发现它的海底世界其实像海洋其他地方一样生机勃勃、物种丰富，其中不少还是百慕大独有的新物种。

趣味地球科学故事

南极"魔海"威德尔海

    一提起魔海,人们自然会想到大西洋上的百慕大"魔鬼三角",那片凶恶的魔海,不知吞噬了多少舰船和飞机。它的"魔法"究竟是一种什么力量,科学家们众说纷纭,至今还是一个不解之谜。然而在南极,也有一个魔海,这个魔海虽然不像百慕大三角那样贪婪地吞噬舰船和飞机,但它的"魔力"足以令许多探险家视为畏途,这就是威德尔海。

    威德尔海是南极的边缘海,南大西洋的一部分。它位于南极半岛同科茨地之间,宽度在 550 千米以上。它因 1823 年英国探险家威德尔首先到达于此而得名。魔海威德尔海的魔力首先在于它流冰的巨大威力。南极的夏天,在威德尔海北部,经常有大片大片的流冰群,这些流冰群像一座白色的城墙,首尾相接,连成一片,有时中间还漂浮着几座冰山。有的冰山高一两百米,方圆二三百平方千米,就像一个大冰原。这些流冰和冰山相互撞击、挤压,发出一阵阵惊天动地的隆隆响声,使人胆战心惊。船只在流冰群的缝隙中航行异常危险,说不定什么时候就会被流冰挤撞损坏或者驶入"死胡同",使航船永远留在南极的冰海之中。1914 年英国的探险船"英迪兰斯"号就被威德尔海的流冰所吞噬。

    在威德尔海中航行,风向对船只的安全至关重要。当刮南风时,

流冰群向北散开，这时在流冰群之中就会出现一道道缝隙，船只就可以在缝隙中航行；如果一刮北风，流冰就会挤到一起把船只包围，这时船只即使不会被流冰撞沉，也无法离开这茫茫的冰海，至少要在威德尔海的大冰原中待上一年，直至第二年夏季到来时，才有可能冲出威德尔海而脱险。但是这种可能性是极小的，由于一年中食物和燃料有限，特别是威德尔海冬季暴风雪的肆虐，使绝大部分陷入困境的船只难以离开，它们将永远"长眠"在南极的冰海之中。因此，在威德尔海及南极其他海域，一直流传着"南风行船乐悠悠，一变北风逃外洋"的说法。直到今天，各国探险家们还坚守着这一信条，足见威德尔海的魔力。

在威德尔海，不仅流冰和狂风对人施加淫威，而且鲸群对探险家们也是一大威胁。夏季，在威德尔海碧蓝的海水中，鲸鱼成群结队，它们时常在流冰的缝隙中喷水嬉戏，别看它们悠闲自得，其实凶猛异常。特别是逆戟鲸，它是一种能吞食冰面任何动物的可怕鲸鱼，有名的海上"屠夫"。当它发现冰面上有人或海豹等动物时，会突然从海中冲破冰面，伸出头来将动物一口吞掉，以那细长的尖嘴，贪婪地吞噬海豹和企鹅，其凶猛程度，令人毛骨悚然。正是逆戟鲸的存在，使得被困威德尔海的人难以生还。绚丽多姿的极光和变幻莫测的海市蜃楼，是威德尔海的又一魔力。船只在威德尔海中航行，就好像在梦幻的世界里漂游，它那瞬息万变的自然奇观，既使人感到神秘莫测，又令人魂惊胆丧。有时船只正在流冰缝隙中航行，突然流冰群周围出现陡峭的冰壁，船只被冰壁所围，挡住了去路，使人惊慌失措。霎时，这冰壁又消失得无影无踪，船只转危为安。有时船只明明在水中航行，突然间好像开到了冰山顶上，顿时，把船员们吓得一个个魂飞九霄。还有当晚霞映红海面的时候，眼前出现了金色的冰山，倒映在海面上，好像冰山向船只砸来，让人虚惊一场。

在威德尔海航行，大自然不时向人们显示它的魔力，使人始终处在惊恐不安之中。经查实，才知是大自然演出的一场闹剧。正是这一场场闹剧，不知将多少船只引入歧途，有的竟为躲避虚幻的冰山而与真正的冰山相撞，有的受虚幻景物迷惑而陷入流冰包围的绝境之中。威德尔海

是一个冰冷的海、可怕的海、奇幻莫测的海，也是世界上又一个神奇的魔海。

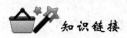 知识链接

　　威德尔海之所以被探险家们视为"百慕大三角"，是因为在这里除了要面对流冰、狂风、鲸群这三大威胁之外，还要经受极光和海市蜃楼的考验。因为极光和海市蜃楼会让航行者的眼前不断出现幻象，以致频频撞上冰山。2005年，我国的"雪龙"号破冰船来到这里，完成了对这片海域的全面考察。

色彩斑斓的海

　　水是透明无色的，海水其实也同样是透明无色的，那为什么我们见到的大海是蓝色的呢？这是由于辽阔的大海在太阳的照射下变了一个小魔术。

　　大家知道，太阳光由红、橙、黄、绿、青、蓝、紫七种颜色组成，这七种颜色的光，波长各不相同，从红光到紫光，波长逐渐变短，长波的穿透能力最强，最容易被水分子吸收，短波的穿透能力弱，容易发生反射和散射。海水对不同波长的光的吸收、反射和散射的程度也不同。波长较长的红光、橙光、黄光，射入海水后，随海洋深度的增加逐渐被吸收了。一般说来，在水深超过 100 米的海洋里，这三种波长的光大部分能被海水吸收，并且还能提高海水的温度。而波长较短的蓝光和紫光遇到较纯净的海水分子时就会发生强烈的散射和反射，于是人们所见到的海洋就呈现一片蔚蓝色或深蓝色了。近岸的海水因悬浮物质增多，颗粒较大，对绿光吸收较弱、散射较强，多呈浅蓝色或绿色。

　　除了海水的光学性质外，外界条件以及海水所含的杂质也会使大海呈现五颜六色。

　　我国南海很深，海水含盐分多，促使泥沙沉淀而透明度高，因此南海呈现蔚蓝色。东海较浅，海底生长着许多绿色的海藻，因此东海看上去就变成了绿色。黄海水深很浅，海水不能完全吸收红光、橙光和黄光，一部分被反射和散射出来。它们混合后，原本应使海水呈黄绿色，可是，因为历史上有很长一段时期，黄河曾从江苏北部携带大量泥沙流入大海。以后，虽然黄河改道流入渤海，但长江、淮河等大小河流也带来大量泥

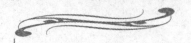

沙，海水含沙量大，加上水层浅、盐分低，泥沙不易沉淀，把海水染成黄色。黄海也就因此而得名了。

北极圈附近的巴伦支海有一个深入欧洲大陆内部的海湾——白海。由于它四面受陆地包围，只有一条狭窄海峡与巴伦支海相通，北大西洋暖流不能到达这里，因此这里冬季的水温低，一年中有200多天被雪白的冰层覆盖，阳光照到冰面上产生了强烈的反射，致使我们看到的海水是一片白色。加上白海有机物含量少，海水也呈现出一片白色，故而得名白海。

在欧洲东南部的巴尔干半岛和西亚的小亚细亚半岛之间，有一个典型的深入内陆的内海——黑海。黑海的西南部通过土耳其海峡与地中海相连，其含盐度比地中海低，但是水位却比地中海高，黑海表层的比较淡的海水通过土耳其海峡流向地中海，而地中海又咸又重的海水从海峡底部流向黑海。黑海南部的水很深，下层不断接受来自地中海的深层海水，这些海水含盐多，质量大，和表层的海水上下很少对流交换，因此深层海水中缺乏氧气，好像一潭死水，并含有大量的硫化氢。由于硫化氢有毒性，使海洋中的贝类和鱼类无法在深海中生存。上层海水中生物分泌的秽物和死亡后的动植物尸体，沉到深处腐烂发臭，并使海水变成了青褐色。乘船在黑海海面上航行，从甲板向下看去，就会发现海水的颜色很深，"黑海"这个称呼也就因此而来。

在非洲东北部与阿拉伯半岛之间，有一片形状狭长的海——红海。红海表层海水中生长着一种海藻，叫做蓝绿藻。这种海藻死亡以后，就变成红褐色。大量的海藻漂浮在海面上，把海水染成了红色；另外，红海东西两侧狭窄的浅海中，有不少红色的珊瑚礁，两岸的山岩也是赭石色的，在它们的衬托和辉映下，海水越发呈现出红褐的颜色，于是就得了"红海"这样一个名字。

知识链接

在红、橙、黄、绿、青、蓝、紫七种光线中，紫光的波长最短，反射最强烈，为什么海水不呈紫色呢？科学实验证明，原来人的眼睛是有一定偏见的，人的眼睛对紫光的感受能力很弱，所以对海水反射的紫色很不敏感，往往会视而不见。海水不呈现紫色，完全是因为人眼没有如实反映实际情况的缘故。

形态各异的河流

　　河流，是地球表面较大天然水流的统称。地壳运动所产生的坡状线形凹槽，在降水与地下水的供给下，就会形成大小不同的河流。河流在我国的称谓很多，较大的称江、河、川、水，较小的称溪、涧、沟、曲等。此外，藏布、郭勒等一些名称，是我国某些少数民族对河流的称谓。

　　河流与人类的关系极为密切。世界上许多国家和民族都把河流比作自己的母亲，如中国的黄河、印度的恒河和俄罗斯的伏尔加河。古代的四大文明古国都发源于大河流域，黄河流域是中国古代文明的发祥地，尼罗河孕育了古埃及文化，印度文化起源于恒河和印度河流域，古代巴比伦也是在幼发拉底河和底格里斯河形成的两河流域发展繁衍的。到了近现代，世界上主要的大城市也基本上是傍水而建，河流中下游地区成为经济相对发达的地区。在中国 7 大江河的下游地区，人口密集、城市集中、经济发达，集中了全国 1/2 的人口，1/3 的耕地和 70％的工农业产值，而由河流入海口泥沙沉积形成的三角洲，更是经济中心所在。

　　世界上的河流形形色色、多种多样。有的水流浩荡，激流澎湃；有的涓涓细流，淙淙有声；有的河流奔流入海，有的消失在盆地和湖泊之中；有的河流清澈见底，有的河流浊浪滚滚；有的河流定期泛滥，有的河流每年有凌汛；有的河流变为"地上悬河"，有的河流成为"九曲回肠"；有的河流时而消失不见，时而呼啸而出；有的河流行踪不定，经常改道。

世界上的河流绝大多数有源头，也有归宿。有趣的是，有些河流却没有"尾巴"，这是亚洲内陆和干旱荒漠区的内陆河的一个显著特征。我国西北地区的弱水、塔里木河、玛纳斯河、和田河、克里雅河、孔雀河、本尔臣河，中亚细亚的楚河、萨雷苏河等，都是断了尾巴的河流。它们从祁连山、昆仑山、天山等高山奔流下来的时候，水量很大，出山口流过冲积扇平原、戈壁滩，由于渗漏，加上这些地方气候干燥，河水大量蒸发，得不到雨水补充，水量越来越少。当河流进入辽阔的沙漠区，河水被干渴的沙漠吞噬掉，河流就消失不见了。

在石灰岩广布的地区，还有没头、没尾的河流。我国广西、贵州山区，有些河流在山间蜿蜒曲折流泻，突然它在山前消失！在一些寸草不生、滴水不藏的石山脚下，又突然会冒出汩汩的流水，成了一条新河。这是地下暗河耍的把戏。原来，在高温多雨的石灰岩地区，在漫长的地质时代，由于地球内力和外力的作用，地下岩层形成断裂带、溶洞、落水洞，发育成或长或短的地下河。

海洋有涨有落，有的河流也具有这一自然现象。在希腊就有这样一条奇特的河——阿瓦尔河。河水每天4次改变流向：6小时流向大海，接着6小时又从海里倒流回来，然后是再反复。来来往往，天天如此，年复一年。原来这条河流受爱琴海潮汐的影响，天天为我们变着魔术。海水落潮时，河水比海水高，河流奔腾入海。涨潮时，海水倒灌，河水也只好往回流了。

河水的颜色也非常丰富：有的特别清澈，这可能是因为碳酸钙溶解在水中，杂质少；有的河水夹带大量泥沙，就变成了黄色或者呈红褐色；有的河水因为夹带着大量腐殖质，就会变成绿水。奇妙的是，在阿尔及利亚境内有一条"黑水河"，它的河水是近乎于发黑的颜色。据说在第二次世界大战时，英军曾取这条河中的水当墨水用。现在沿河的老百姓也有用这条河中的水当染料的。这里的河水为什么会是黑色的呢？原来，这条河有两条支流，一条支流的水中含有氧化铁和氧化铅，另一条支流的水中含有五倍子酸。两条支流汇合，水中的物质发生化学变化，形成了天然的"墨水"。水中的氧化铁和氧化铅不是工厂排放的污染物，而是上游沿岸河流的地下矿床被雨水冲刷的结果。

我国的第二大河——黄河，是一条含沙量很大的"沙河"。黄河经过晋、陕之间的黄土高原后转向东流。当它流奔到河南孟津以后，已进入

辽阔的华北平原。这里由于地势低平，河流的流速减慢，每年从中、上游挟带来的 16 亿吨泥沙便有 4 亿吨淤积在孟津以下的下游河道中，其余的被冲带入海和堆积在河口。随着时间的推移，河床愈淤愈高，一般每 10 年就淤高 1 米，至今有些河段已高出两岸平地 3～4 米，有的甚至已高出 10 米以上。河水全靠两岸数千里大堤约束，因而成为"地上河"。人们从大堤之下的两旁平地仰望黄河，它就好像是悬在空中一样，因此又称"悬河"。"地上河"是自然界存在的反常现象，是对我国北方人民的严重威胁，也是全国的巨大隐患。一旦河堤溃决，黄河之水便从天而降，直泻华北平原。沿岸的人民不但要流离失所，而且许多人的生命也将难保，所有财产尽付东流！因此消除"地上河"威胁，从根本上治理好黄河沿岸的水土流失现象，并切实整治好黄河河道，是我国人民的一项长期而艰巨的任务。

 知识链接

河流被称为"地球的血脉"，是人类最重要的水资源和水能资源，全世界河流的年总蓄水量可达 48000 立方千米。此外，河流在航运、灌溉、水产养殖和旅游等各个方面也都对人类有重大作用。但由于人类对河流的不适当开发以及破坏，近年来，全球 500 条主要河流中至少有一半已经严重枯竭或被污染。在这种情况下，保护我们的河流，已成为世界各国的当务之急。

科学家的故事

埃拉托斯尼与"地理学"

　　自从有人相信大地是个圆球，关于它的大小，便是人们渴望知道的问题了。早在 2000 多年前的古希腊就有人用简单的测量工具计算出地球的周长，他就是被称为"地理学之父"的埃拉托斯尼。

　　公元前 275 年，埃拉托斯尼生于希腊位于非洲北部的昔勒尼（在今利比亚）。他在昔勒尼和雅典接受了良好的教育，成为一位博学的哲学家、诗人、天文学家和地理学家。公元前 234 年，埃拉托斯尼当上了亚历山大里亚图书馆馆长。当时，亚历山大里亚图书馆是古代西方世界的最高科学和知识中心，那里收藏了各种古代科学和文学论著。埃拉托斯尼一边研究馆藏丰富的地理资料和地图，一边进行考察，终于写出了《地球大小的修正》和《地理学概论》两部著作。

　　地球圆周的计算方法被记载在《地球大小的修正》一书中。在埃拉托斯尼之前，也曾有不少人试图进行测量估算，但他们大多缺乏理论基础，计算结果很不精确。埃拉托斯尼天才地将天文学与测地学结合起来，第一个提出设想：在夏至日那天，分别在两地同时观察太阳的位置，并根据地物阴影的长度之差异，加以研究分析，从而总结出计算地球圆周的科学方法。这种方法比前人习惯采用的单纯依靠天文学观测来推算的方法要完善和精确得多，因为单纯天文学方法受仪器精度和天文折射率的影响，往往会产生较大的误差。细心的埃拉托斯尼发现：离亚历山大城约 800 千米的塞恩城（今埃及阿斯旺附近），夏日正午的阳光可以一直照到井底，因而这时候所有地面上的直立物都应该没有影子。但是，亚历山大城地面上的直立物却有一段很短的影子。他认为：直立物的影子是由亚历山大城的阳光与直立物形成的夹角所造成。从地球是圆球和阳光直线传播这两个前提出发，从假想的地心向塞恩城和亚历山大城引两条直线，其中的夹角应等于亚历山大城的阳光与直立物形成的夹角。按照相似三角形的比例关系，已知两地之间的距离，便能测出地球的圆周长。埃拉托斯尼测出夹角约为 7 度，是地球圆周角 360 度的 1/50，由此推算地球的周长大约为 4 万千米，这与实际地球周长 40076 千米相差无几。此外，《地球大小的修正》一书还包括了埃拉托斯尼计算出的赤道的长度、回归线与极圈的距离、太阳和月亮的大小、日地月之间的距离，等等。他算出的太阳与地球间距离为 1.47 亿千米，和实际距离 1.49 亿千米也惊人地相近。

　　埃拉托斯尼的《地理学概论》一书分三卷：第一卷先是一段简短的绪言，对地理学的产生和发展作了历史的回顾，然后着重阐述地球的结构和演变以及潮汐、海峡中的海流等水的运动；第二卷为数理地理学，主要探讨天空、大地和海洋的形状和结构、地球的区域和地带的划分以及已知世界的范围等问题；第三卷是论述世界地图的改绘，包括一幅新编绘的世界地图以及区域描述。

　　埃拉托斯尼测量地球周长的实验被认为是人类历史上最有意义的物理实验之一。同时他也是世界上最早把物理学的原理与数学方法相结合的科学家，在他的影响下，地理学在不久后又兴起了一门新学科——数理地理学。他创用的"地理学"一词，也被后世广泛使用，最终成了国际通用的专业名词。由于埃拉托斯尼在地理学方面有突出的成就，所以被后世誉为"地理学之父"。

智慧人生

> 　　立竿测影是古代中国天文学观测天体位置、勘定地体方位、划分节气、定立时刻制度不可缺少的方法之一。埃拉托斯尼实际上就是利用立竿测影的方法计算出了地球周长。由此可见，对已有知识进行科学的整理与发掘，也可能会获得新的重大发现。

古希腊地理学家托勒密

　　2006 年 10 月，一本估价高达 150 万英镑的地图集出现在伦敦的索思比拍卖行。这是 500 多年前出版的世界首本印刷地图集，人们之所以对它有如此高的期望，除了历史久远且世上仅存两本等原因之外，还在于绘制这些地图的是公元 2 世纪的古希腊地理学家托勒密。

　　托勒密生于埃及，但他的父母都是希腊人。公元 127 年，年轻的托勒密被送到埃及亚历山大城去求学。在那里，他阅读了不少的书籍，并且学会了天文测量和大地测量。同当时的绝大多数学者一样，托勒密认为地球是球体，并提出了三点理由：①如果地球是扁平的，那么全世界的人将同时看到太阳的升起和落下。②我们向北行进，越靠近北极，南部天空越来越多的星星便看不见了，同时却又出现了许多新的星星。③每当我们从海洋朝山的方向航行时，我们会觉得山体在不断地升出海面；而当我们逐渐远离陆地向海洋航行时，却看到山体不断地陷入海面。后来，托勒密利用前人积累和他自己长期观测得到的数据，提出了自己的宇宙结构学说——"地心说"。这一理论较为圆满地解释了当时观测到的行星运动情况，并取得了航海上的实用价值，从而被人们广为信奉。此后，欧洲教会利用托勒密的地心体系作为上帝创造世界的理论支柱。在教会的严密统治下，人们在一千多年中未能挣脱地心体系的束缚。直到 16 世纪中叶，哥白尼提出了日心体系，并为后来越来越多的观测事实所证实，"地心说"才逐渐被抛弃。

　　托勒密一生主要有两部巨著，其中一部就是提出了"地心说"理论的《天文学大成》，另一部则是八卷本的《地理学指南》。在《地理学指南》这本书的前言中，托勒密将地图绘制分成两种。其中地区图编制着眼于小区域地图的绘制，例如村庄、城镇、农场、河流以及街道。而地理学意义上的绘图要更加关注大范围的地表现象，例如山脉、大江、大湖以及大城市。绘制这样的地图，需要借助天文学以及数学方面的知识，从而达到准确无误。

托勒密非常清楚，将球状的地球表面画到一张扁平的地图上意味着许多误差和扭曲，因此他创立了将球体图形投射到平面上的技术。在《地理学指南》一书中，第八卷的27张地图中欧洲10张，亚洲12张，非洲4张。托勒密画每张地图时，总是将地图正上方定为正北，这便是我们现在上北下南、左西右东的由来。在这本书的最后，托勒密谈到了地理位置的确定问题。他提出了一种等间距的坐标网格，把地球分成360度，每一度分成60分，每一分分成60秒。托勒密的这一体系使地图绘制者能够精确地确定物体在地球上的位置，可算得上是第一个明确提出经纬度理论的人。在他的理论中，纬度从赤道量起，而经度则从当时所知道的世界最西地点——幸运岛——算起，这已经和今天的经纬度概念很接近了。由于当时条件的限制，"托勒密地图"与我们现在所看到的地图有不少出入。例如，地图上的苏格兰被挤向东部，出现在"德国海"里，而英格兰又细又长，一直延伸到比斯开湾。由于当时北美大陆还没有被发现，所以它不得不在地图上"缺席"。在托勒密的地图上，中国被称为"赛里斯"或"秦尼"。

在此后的一千多年时间里，托勒密所制作的地图一直被当作标准地理教科书。1477年，在托勒密版本地图的基础上，世界首本印刷地图集在意大利的博洛尼亚出版。100多年后，荷兰制图学家墨卡托的地图集出现了，这才结束了"托勒密地图"一统天下的局面。

 智慧人生

对新事物有强烈的好奇心，不受原有理论的束缚，是取得成功的关键。虽然托勒密的地图与真实情况也有较大差异，但托勒密敢于大胆提出自己的想法，并且努力去寻求证据的精神是值得后人学习的。托勒密不相信当时人们认为的已知世界周围只是无边无际海洋的说法，正是他的这一信念，为后世的地理大发现开辟了理论上的可能性。

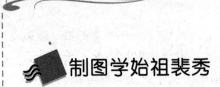

制图学始祖裴秀

　　大约在托勒密去世几十年后，世界东方也诞生了一位伟大的地图学家——裴秀。如同托勒密的《地理学指南》成为现代数字制图学的开端，裴秀提出的"制图六体"也成为中国古代制图学体系的基石。不同的是，裴秀的"制图六体"是一种矩形网格的制图方法，没有经纬度和地图投影。

　　裴秀是河东闻喜（今山西省闻喜县）人，公元224年生于一个官宦家庭。他自幼好学，八岁时就能写文章，十岁时已崭露头角，得到了当时一些社会名流的赞赏。长大后，裴秀袭父爵，当上了朝廷命官。后来，裴秀跟随司马氏家族南征北战，成了西晋王朝的开国功臣。晋武帝司马炎代魏称帝后，裴秀当上了司空。这在当时是相当于宰相的高级官员。裴秀任司空的同时，还担负着"地官"的职务。"地官"的职责是管理国家的户籍、土地、田亩赋税和负责主持地图的编制等工作。这一职务使裴秀有机会接触到许多古代的地理和地图资料，使他对地图产生了极大的兴趣。他开始对古代地理和地图进行仔细整理和细心研究。

　　我国地理学起源很早，早在三四千年前的商、周时期，国家已经设置了专门掌管全国图书志籍的官吏。大约在春秋战国时期，出现了我国历史上第一部地理学名著——《禹贡》。到了魏晋期间，因为年代久远，《禹贡》中所记载的山川地名已经有很多变更。裴秀在详细考证古今地名、山川形势和疆域沿革的基础上，以《禹贡》为基础并结合当时晋朝的"十六州"而分州绘制的大型地图集，绘制了《禹贡地域图》十八篇，图上古今地名相互对照。该地图不仅是当时最完备、最精详的地图，而且更重要的是它采用了科学的绘制方法。这就是裴秀在《禹贡地域图》十八篇序文中所阐述的"制图六体"。

所谓的"六体"，实际上是裴秀提出的编制地图的六条原则：一为"分率"，用以反映面积、长宽之比例，也就是现在的比例尺；二为"准望"，用以确定地貌、地物彼此间的相互方位关系；三为"道里"，用以确定两地之间道路的距离；四为"高下"，也就是相对高程；五为"方邪"，即地面坡度的起伏；六为"迂直"，即实地高低起伏与图上距离的换算。裴秀认为，制图六体是相互联系的，在地图制作中极为重要。地图如果只有图形而没有分率，就无法进行实地和图上距离的比较和量测；如果按比例尺绘图，不考虑准望，那么在这一处的地图精度还可以，在其他地方就会有偏差；有了方位而无道里，就不知图上各居民地之间的远近，就如山海阻隔不能相通；有了距离，而不测高下，不知山的坡度大小，则径路之数必与远近之实相违，地图同样精度不高，不能应用。这六条原则的综合运用正确地解决了地图比例尺、方位、距离等问题，为编制地图奠定了科学的基础，对后世的地图学发展产生了极其巨大的影响。

裴秀在地图学方面的另一贡献，是他在制图六体的基础上创造出了"计里画方"的制图方法。所谓"计里画方"是按比例尺绘制地图的一种方法。绘图时，先在图上布满方格，方格中边长代表实地里数，相当于现代地形图上的方里网格；然后按方格绘制地图内容，以保证一定的准确性。裴秀感到原有的用八十匹缣制作的《天下大图》使用太不方便，就以"一分为十里，一寸为百里"的比例，用"计里画方"的方法将其缩小成了一幅《方丈图》。这幅《方丈图》对山脉、都市、乡村等地理要素都记载得很详细，而且携带方便。

自裴秀提出"制图六体"之后，一直为中国地图学者所遵循。可以说，在明末清初欧洲的地图投影方法传入中国之前，裴秀的"制图六体"一直是中国古代绘制地图的重要原则，对于中国传统地图学的发展有着极大的影响。因此，裴秀被地理学界推崇为中国传统地图理论的创始人。

在世界地图学史上，也有着很高的地位。人们把他同欧洲学者托勒密并称为世界古代地图史上东西辉映的两颗明星。

 智慧人生

"制图六体"的提出离不开前人的智慧。裴秀的制图理论和研究成果之所以大大超过前人，是善于学习、善于总结前人经验并能够把设想付诸行动的结果。在这个基础上，裴秀在中国地图发展史上竖起了一块不可磨灭的丰碑。

写实地理学家郦道元

水资源是人类生存的必要条件之一。我国江河湖海纵横交错，对军事战争、商业航运、农田灌溉和社会经济发展的各个方面都有重大的影响，地理学家们一直想摸清这份"家底"。北魏郦道元所著的《水经注》一书，就是我国古代最杰出的水文地理研究的成果。

郦道元出生在公元465年或公元472年。在少年时代，郦道元就对地理考察有着浓厚的兴趣。十几岁时，他随父亲到山东，经常与朋友一起到有山水的地方游览，观察水流的情况。当时，他们游历过临朐县的熏冶泉水，又观看了石井的瀑布。后来，郦道元在山西、河南、河北做官，经常乘工作之便和公务之暇，进行实地的地理考察和调查。凡是他走到的地方，他都尽力搜集当地有关的地理著作和地图，并根据图籍提供的情况，考查各地河流干道和支流的分布，以及河流流经地区的地理风貌。

通过实地的考察和对地理书籍的研究，郦道元深切感到前人的地理著作，包括《山海经》《汉书·地理志》以及大量的地方性著作所记载的地理情况都过于简略。三国时有人写了《水经》一书，虽然略具纲领，但却只记河流，不记河流流经地区的地理情况，而且河流的记述也过于简单，并有许多遗漏。更何况地理情况不是固定不变的，随着时间的推移，地理情况也不断发生变化。例如，河流会改道、地名有变更、城镇村落有兴衰，等等，特别是人们的劳动会不断改变地面的风貌。因此历史上的地理著作，已经不能满足人们的需要了。郦道元决心动手写一部书，以反映当时的地理面貌和历史变迁的情况。在著书的过程中，郦道元选取了《水经》一书作为蓝本，采取了为《水经》作注的形式，因此取书名为《水经注》。

《水经注》写作的最大特点是以全国水道为纲，共分黄河、济水、淮

河、污水（汉江）、长江五大水系。每一水系又按大小顺序，先叙述干流，再叙述大小支流。对每一条河流的发源、流经地区、交汇和所注入的河、湖、海域，以及沿河的风土人情、城市面貌、历史沿革、史事掌故等都有详细的说明。《水经注》所记水文，分地表水和地下水。地表水共记1252条河流，几乎比《水经》扩大了10倍，所谓地下水是指井、泉和伏流，记有泉水30多处，伏流也有30多处。全书提纲挈领、体例分明、条理清楚、结构严谨，既为我们提供了丰富的水文历史地理资料，又开创了我国撰写水文地理研究著作体例的先河。

郦道元所记述的内容包括了全国各地的地理情况，还记述了一些国外的地理情况，其涉及地域东北至朝鲜的坝水（今大同江），南到扶南（今越南和柬埔寨），西南到印度新头河（今印度河），西至安息（今伊朗）、西海（今俄罗斯咸海），北到流沙（今蒙古沙漠）。可以说，《水经注》是北魏以前中国及其周围地区的地理学的总结。

《水经注》一书中拥有大量的历史资料，许多当时人的活动，当时的事件在《水经注》中都有记载。例如，《水经注》中介绍了当时的一种酒——桑落酒，及其具体制作过程。后来人们经过与其他文献核对，知道了这种酒在当时的首都洛阳的确十分有名，这对于研究我国古代酿酒技术及其发展有着重要参考价值。

对考古学的研究，《水经注》也有帮助。1980年初，考古工作者在内蒙古阴山西段发现了成千上万幅岩画。根据《水经注》的记载，岩画中一部分虎、马图形和鹿、马蹄印是在北魏以前雕刻的。这些岩画的再次发现在很大程度上得益于《水经注》。在古代曾有大量佛塔建筑，后世多有毁坏。《水经注》这方面的记载在考古发掘工作中帮了大忙。如《水经注》卷十六曾详细记载了洛阳永宁寺的九层浮屠塔，在20世纪70年代的发掘中就利用了《水经注》的资料取得了重大考古成果。考古结果的数据与《水经注》的数字材料基本吻合，再次说明了《水经注》内容的翔实可靠。

《水经注》自成书后，经过了北魏末到隋朝统一这一段战火年代得以保存下来。隋唐时期一直作为官书藏书，唐朝中期以后逐渐流入民间，以后历代研究者层出不穷，到了明末清初形成了一项专门的学问——"郦学"。

20世纪70年代以来,我国有关学者在研究的深度和广度上都取得了不少的成绩,有几种新版本的《水经注》问世,白话全译本的《水经注》也已经出版发行。相信会有更多的人对这本书产生兴趣,进而把"郦学"研究进一步深化,为我国的建设发展服务。

《水经注》不但是研究我国水系的专著,而且是一部不可多得的历史地理文献,同时还是我国历史文化宝库中一颗光辉灿烂的明珠。它的文学价值使其作者郦道元被认为是我国山水游记文学的鼻祖。其文风对后世,特别对柳宗元等人山水游记写景手法都有着一定的影响。

 智慧人生

　　行动是成功的阶梯,行动越多,登得越高。郦道元正是凭着自己的行动以及坚忍不拔的求实精神,不盲从古人、对大量山川进行实地勘察,才写出了全面而系统的综合性地理巨著《水经注》。

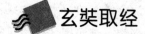

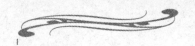

玄奘取经

2003 年，考古人员在尼泊尔西南部发现了一座距今已有 2600 多年的古代都城遗址。经鉴定，该遗址就是我国 1300 多年前的著作《大唐西域记》中所记载的著名的科利雅王国的都城，这里的国王是佛祖释迦牟尼的叔叔。此前，《大唐西域记》也曾被用作考古发掘的文献指导书，根据它所提供的线索，考古人员对著名的印度那烂陀寺、圣地王舍城、鹿野苑古刹等遗址进行了发掘，出土了大量的文物古迹。《大唐西域记》的作者是我国唐代著名高僧——玄奘。

玄奘是隋末唐初人，12 岁时在洛阳净土寺出家。当时，佛教内部派别甚多，对佛教教义的理解和解释分歧甚大，长期争论不休。玄奘为了钻研佛经，曾到河南、四川、陕西、湖北、河北等地，向德高望重、学识渊博的高僧请教，成为国内有名的佛学家。但他仍深感要改变佛教界众说纷纭的局面，必须到佛家发祥地——印度，去取得佛教经典。

公元 627 年，玄奘从长安出发，孤身踏上万里征途，开始了他的西行。途经秦州（今甘肃天水）、兰州、凉州（今甘肃武威）、瓜州（今甘肃安西县东南），偷渡玉门关，历五天四夜滴水不进，艰难地通过了 800 里大沙漠，取道伊吾（今新疆哈密），年底到达高昌（今新疆吐鲁番），受到高昌国王的礼遇和赞助。此后，玄奘沿天山南麓继续西行，经阿耆尼国（今新疆焉耆）、屈支国（今新疆库车）、跋禄迦国（今新疆阿克苏），翻越凌山（今天山穆素尔岭），沿大清池（今古尔吉斯斯坦伊塞克湖）西行，来到碎叶城（在今吉尔吉斯斯坦托克马克西南）。在这里，玄奘巧遇西突厥叶护可汗，并得到可汗的帮助。玄奘继续前进，翻越中亚史上著名的铁门（今乌兹别克斯坦南部布兹嘎拉山口），到达吐火罗（今阿富汗北境内），由此又南行，经大雪山（今兴都库什山），来到迦毕试国（今阿富汗贝格拉姆），东行至健驮罗国（今巴基斯坦白沙瓦城），进入了印度。

当时的印度小国林立，分为东、西、南、北、中五部分，史称五印度或五天竺。玄奘先到北印度，在那里拜望高僧，巡礼佛教圣地，跋涉数千里，经历十余国，进入恒河流域的中印度。在中印度，历史悠久的摩揭陀国（今印度比哈尔邦）拥有全印度规模最大、居印度千万所寺院之首的那烂陀寺，这是当时全印度的文化中心、玄奘西行求法的目的地。

玄奘在那烂陀寺留学 5 年，向寺主持、当时印度佛学权威戒贤法师学习《瑜伽论》等，又研究了寺中收藏的佛教典籍，兼学梵文和印度很多的方言。后到中印度、东印度、南印度、西印度游学，足迹几乎遍及全印度。玄奘的学识受到印度僧俗的极大敬重，也引起了许多国王的景仰，这其中就包括印度史上著名的戒日王。戒日王召见玄奘，下令在国都曲女城（今印度卡瑙吉）举行盛大的法会，命玄奘为主讲人，五印度 18 国国王、官员及僧人 6000 人前来与会，大家听完后深为他精辟而渊博的知识所折服，玄奘因而获得了"大乘天"的尊称，名震印度。

公元 643 年春天，玄奘谢绝了戒日王和那烂陀寺众僧的挽留，携带657 部佛经，取道今巴基斯坦北上，经阿富汗，翻越帕米尔高原，沿塔里木盆地南线回国，两年后回到了阔别已久的长安。

玄奘虽然是出于宗教目的前往印度的，但是和他本人的初衷不同的是，后代的学者最感兴趣的却是他的旅行。在 19 年中，玄奘行程 5 万里，游历了 110 个国家，特别是回国后，应唐太宗要求由玄奘口述，弟子辩机记录，最后经玄奘亲手校订的一部伟大著作《大唐西域记》，是这位旅行家对世界探险史的重要贡献。这部著作共 12 卷，10 万多字，真实地记述了玄奘亲身经历的 110 个国家和由传闻得知的 28 个以上的城邦、地区

的地理位置、山脉河流、地形气候、交通城市、风土习俗、物产资源、民族历史、宗教文化等情况，是研究印度、尼泊尔、巴基斯坦、斯里兰卡、孟加拉国、阿富汗、乌兹别克斯坦、吉尔吉斯斯坦等国家、地区及我国新疆的最为重要的历史地理文献。

智慧人生

　　一个人要想成功，坚定的信念和远大的理想是必不可少的。正因为执著地追求，玄奘完成了"西天取经"的壮举，并最终成为中国和印度文化交流的象征。正因为怀着坚定的信念，玄奘从一个小和尚成长为我国历史上著名的大宗教家、大旅行家、大翻译家。

沈括与《守令图》

　　在我国北宋时代，出了一位博学多才、成就卓著的科学家，他就是被誉为"中国科学史上的坐标"的沈括。

　　沈括于公元1031年生于浙江钱塘（今浙江杭州市）一官僚家庭。他自幼勤奋好读，在母亲的指导下，14岁就读完了家中的藏书。后来他跟随父亲到过福建泉州、江苏润州（今镇江）、四川简州（今简阳）和京城开封等地，有机会接触社会，对当时人民的生活和生产情况有所了解，增长了不少见识。

　　沈括24岁开始踏上仕途，做了海州沭阳县（在今江苏省）主簿。在这里，沈括主持了治理沭水的工程，他组织几万民工，修筑渠堰，不仅消除了当地人民的水灾威胁，还开垦出了七千顷良田，改变了沭阳的面貌。此后，沈括历任东海（在今江苏省）、宁国（在今安徽省）、宛丘（今河南省淮阳县）等县县令。在任宁国县令的时候，他积极倡导并主持在今安徽芜湖地区修筑规模宏大的万春圩，开辟出能排能灌、旱涝保收的良田，同时还写了《圩田五说》《万春圩图书》等关于圩田方面的著作。

　　沈括33岁的时候考中了进士，被推荐到京师做官。因职务上的便利条件，他有机会读到了更多的皇家藏书，充实了自己的学识。公元1069

年，王安石被任命为宰相，开始进行大规模的变法运动。沈括积极参与变法运动，受到王安石的信任和器重，担任过管理全国财政的最高长官三司使等许多重要官职。几年后，王安石变法失败，沈括也被诬劾贬官。

在延州（今陕西省延安一带）做地方官时，沈括曾经考察研究过那里的石油矿藏和用途。他利用石油不容易完全燃烧而生成炭黑的特点，首先创造了用石油炭黑代替松木炭黑制造烟墨的工艺。另外，"石油"这个名称也是沈括首先使用的，比以前的石漆、石脂水、猛火油、火油、石脑油、石烛等名称都贴切得多。

公元 1072 年，沈括主持了汴河的水利建设并亲自测量了汴河下游从开封到泗州淮河岸共 840 多里河段的地势。他采用"分层筑堰法"，把汴渠分成许多段，分层筑成台阶形的堤堰，引水灌注，然后逐级测量各段水面，累计各段的差，测得开封和泗州之间地势高度相差是 19 丈多。这是我国最早的水准高度测量，比欧洲 18 世纪初开始进行的水准高度测量早了 600 多年。

公元 1074 年，沈括察访浙东并游览雁荡山。在观察了雁荡山诸峰的地貌特点后，沈括分析了它们的成因，明确地指出这是由于水流侵蚀作用的结果。沈括还观察研究了从地下发掘出来的类似竹笋以及桃核、芦根、松树、鱼蟹等各种各样的化石，明确指出它们是古代动物和植物的遗迹，并且根据化石推论了古代的自然环境。

公元 1076 年，沈括奉旨编绘《天下州县图》。他查阅了大量档案文件和图书，经过 12 年的努力，终于完成了我国制图史上的巨作——《守令图》。这部图集共有 20 幅地图，包括一幅高一丈二尺、宽一丈的大图，一幅小图和 18 幅各路图。各路图的分幅按当时的行政区划十八路制划分，每路一幅，比例尺为二寸折百里，约合九十万分之一。图的地域范围为当时朝廷实际控制的区域，图名《守令图》即由此而来，也就是设有守、令等官职的地方的地图。在制图方法上，沈括提出分率、准望、互融、傍验、高下、方斜、迂直等九法，这和西晋裴秀发明的制图六体是大体一致的。他还把四面八方细分成 24 个方位，使地图的精度有了进一步提高，为我国古代地图学做出了重要贡献。

公元 1089 年，沈括定居润州（今江苏省镇江东郊）梦溪园，在此安度晚年。沈括在梦溪园认真总结自己一生的经历和科学活动，写出了闻名中外的科学巨著《梦溪笔谈》。这部书是沈括一生社会和科学活动的总结，内容极为丰富，包括天文、历法、数学、物理、化学、生物、地理、地质、医学、文学、史学、考古、音乐、艺术等知识共 600 余条。其中 200 余条属于科学技术方面，记载了他的许多发明、发现和真知灼见。在书中，沈括正确论述了华北平原的形成原因：根据河北太行山山崖间有螺蚌壳和卵形砾石的带状分布，推断出这一带是远古时代的海滨，而华北平原是由黄河、漳水、滹沱河、桑乾河等河流所携带的泥沙沉积而形成的。

 智慧人生

实践出真知。世界上有很多事情只有当自己亲自去实践过才会发现其中的奥妙。正是凭着钻研精神和一丝不苟的认真态度，沈括成为我国历史上第一位百科全书式的伟大人物。他的《梦溪笔谈》可以说是我国古代科学技术成果的资料库，像活字印刷、水法炼钢等重要成果，就是由这本书记录并留传下来的。

郑和下西洋与航海图

　　600多年前，在绝大多数国家还视海洋为畏途、视远航如梦想的时候，我国历史上的著名航海家郑和就开始了史诗般的航程。

　　郑和出生于1371年，原姓马，字三保。12岁时被抓入宫中给燕王朱棣当侍童。朱棣当皇帝后，被升为内宫监太监，并赐姓郑，又称"三保太监"。明成祖朱棣为巩固他的统治地位，扩大其政治影响，恢复了元代中断的海上交通。郑和懂阿拉伯语，受到朱棣的重用，派他率船队七下西洋。那时所谓西洋，是泛指我国南海以西的广大地域，包括印度洋及其沿海地区在内。郑和多次统率水手、军卒、医官、买办等约两万人，分乘宝船百余艘，浩浩荡荡下西洋。比起哥伦布发现美洲新大陆的三艘载重不到百吨的船，明朝的规模要大得多。从1405年到1433年，郑和及其船队七次航行前后用了28年时间，历经37个国家。郑和是我国第一个横渡印度洋到达非洲东岸的人，比1492年哥伦布横渡大西洋到达美洲，1471年葡萄牙人达·迦马沿非洲南岸绕好望角到达印度洋，要早半个世纪以上。

　　郑和七下西洋，是世界航海史上的伟大创举。上万人的船队远航，要与大海波涛、明岛暗礁及变化万千的恶劣气候搏斗，必须准确地测定船舶的地理位置、航向和海深等。那么，这样大的船队航行，靠什么来导航呢？这就是古代的天文定位技术。我国古代很早就将天文定位技术应用在航海中。东晋僧人法显在访问印度乘船回国时曾记述："大海弥漫无边，不识东西，唯望日、月、星宿而进"。到了元、明时期天文定位技术有了很大发展。当时采用观测恒星高度来确定地理纬度的方法，叫作

"牵星术"，所用的测量工具，叫作牵星板。根据牵星板测定的垂向高度和牵绳的长度，即可换算出北极星高度角，它近似等于该地的地理纬度。郑和率领的船队在航行中就是采用"往返牵星为记"来导航的。

在航行中，他们还绘制了著名的《郑和航海图》。我国的航海图虽然在宋代就已应用，但多只是以近海为主，不能满足大船队的远航需要。郑和与他的助手王景弘依据多次航行所得的海域和陆地知识，制成了远航图册，名为《自宝船厂开船从龙江关出水直抵外国诸番国》，后人称之为《郑和航海图》。该图以南京为起点，最远达非洲东岸的图作蒙巴萨（今肯尼亚蒙巴萨）。全图包括亚非两洲，地名 500 多个，其中我国地名占 200 多个，其余皆为亚洲诸国地名。所有图幅都采用"写景"画法表示海岛，形象生动，直观易读。在许多关键的地方还标注"牵星"数据，有的还注有一地到另一地的"更"数，以"更"来计量航海距离等。可以说，《郑和航海图》是我国古代地图史上真正的航海图。

受到当时科学发展水平的限制，《郑和航海图》仍采用传统的绘画方法，图中的地域大小、远近比例，都只是相对而言的，有些地方的方位甚至有错。但只要了解其绘制方法，结合所记针路及所附的《过洋牵星图》，并以今图对照，便可发现该图在描绘亚非沿海各地形势以及在认识海洋和掌握航海术等方面，在当时都达到了较高的科学水平。《郑和航海图》不仅是研究郑和下西洋和中西交通史的重要图籍，在世界地图学、地理学史和航海史上也占有重要的地位。

智慧人生

郑和下西洋是实现个人精神追求的一大步，更是中华民族迈向文明的一大步。这位航海先行者以智慧为舵、意志作桨，扬起和平的风帆，创造了世界航海史上的壮举。1405 年 7 月 11 日是郑和第一次下西洋的日子。自 2005 年起，我国将每年的 7 月 11 日作为"航海日"，其宗旨就是要弘扬郑和这种勇于开拓、百折不挠的精神。

趣味地球科学故事

第一个征服北极的人

19世纪后期，虽然已经有人陆续到达了北极，但人们对北极中心区的情况仍然了解得很少。因此，去北极中心区和北极极点的探险，便成为当时地理学界的首要任务。许多国家对志愿前去探险的人，加以鼓励和奖赏，一大批探险家跃跃欲试，这其中就包括美国探险家皮尔里。

皮尔里1856年生于美国宾夕法尼亚州。25岁时，他开始在美国海军中任土木工程师。由于职业的原因，皮尔里曾遍游了计划中兴建的一条运河周围的热带地区，在探险方面积累了相当的经验。当时，长达几百年的探险活动业已探明了世界上的所有温带和热带地域。唯有极地地区以及一些荒僻的丛林、沙漠和难以逾越的高山有待人们去探察。北极探险的热潮被掀起之后，皮尔里也把探险目标瞄准了那里。

为了锻炼体力和适应恶劣的自然环境，皮尔里多次乘雪橇横穿格陵兰岛，以获得极地探险经验。在完成了一系列准备工作后，1902年，皮尔里开始向着人类几个世纪以来梦寐以求的北极地区进发。与以往的探险者直扑北极点的战略不同，皮尔里采取了稳扎稳打的战术。首次探险，他仅在北纬80度建立了几座仓库，为日后的探险活动设立前进基地。

1905年，50岁的皮尔里从纽约出发，准备向北极发起第二次冲击。为了这次探险，皮尔里进行了周密计划，专门挑选了适应北极复杂海况的轮船"罗斯福号"。皮尔里的赞助商还专门成立了"皮尔里北极俱乐部",负责协调北极探险的资金问题。这年9月初,皮尔里指挥"罗斯福号"到达北极海域,他先将船上的物资卸在了预设在哥伦比亚角的陆上基地,然后派出先遣队,将物资和食品运送到指定地点,以减轻探险队冲击北极时的负担,保存体力。但是,探险队在建立补给站时遇到极大困难,最终迫使皮尔里放弃探险计划。第二次努力虽然失败了,但皮尔里的考察队到达了北纬87度6分,距离北极点只差270多千米了。三年后,皮尔里再度出征,但"罗斯福号"被严严实实地冰封在了海湾里,第三次北极探险也失败了。

　　1909年3月,皮尔里第四次向北极点发起冲击。这次探险队共有24人、19部雪橇、133只狗。由于在前进途中遇上一条宽大的裂缝,探险队员们在严寒中足足等了六个日夜,直到冰缝愈合后,才得以继续前进。皮尔里将冲击北极点的人员分成三个梯队:前两个梯队负责探路、修建房屋,以便皮尔里指挥的第三梯队保持旺盛的体力,向北极点发起决定性的冲击。4月1日,第三梯队距离北极点还有214千米,皮尔里决定对北极点发起最后的冲刺。他命令最后一批辅助人员返回基地,只带领黑人助手亨森和4名爱斯基摩人,组成向极点冲刺的突击队。5部雪橇载着6位队员,由40只狗拉着向北极前进。1909年4月6日,皮尔里终于到达了北纬89度57分的地方。此处距离几百年来人类梦寐以求的北极点仅有8千米了。皮尔里测定了坐标方位,然后一鼓作气,冲向北极点并在那里插上了美国国旗。然而,当皮尔里回到美国时,一个名叫库克的美国医生已经宣布,他于1908年4月21日已经到达北极。于是,在北极探险史上,谁最早到达北极,夺取了这项王冠的大争论就由此开始了。后来,经过专家们的仔细鉴定,确认皮尔里是世界上第一个到达北极点的探险家,他所到达的地点是北纬89度55分。

　　继库克和皮尔里之后,考察北极的人络绎不绝。1926年,挪威探险家阿蒙森等组成的国际小组第一次乘飞艇抵达北极上空。1929年,美国人查理·伯德第一次乘飞机飞越北极。1937年,苏联的沃多皮诺等第一次乘飞机降落在北极冰面。1958—1959年,美国先后有两艘核潜艇从冰下航行到达北极。1977年,苏联"北极号"核动力破冰船首次到达北极点考察。1978年,日本人藏村植美第一次乘狗拉雪橇单人到达北极。近

113

年来，北冰洋近海大陆架相继发现了储量丰富的石油和天然气资源，而且它又地处欧亚大陆和北美大陆、大西洋和太平洋之间，因此，它在战略上和国际航空运输上的地位日益重要。

 **智慧人生**

　　探险精神一直伴随着人类文明的发展进程。皮尔里的探险之旅与哥伦布发现新大陆、郑和下西洋、马可波罗游历东方一样，都是人类文明史和探险史上的重要里程碑。正是皮尔里等探险家们不惧牺牲的努力，才使世界更早地认识了北极。

青少年科普故事系列

南极被阿蒙森"打败"

　　南极是地球上最后一块被人类征服的大陆。1831年，北磁极被发现后，德国大数学家高斯预言：在地球的南端，也应该存在着与北磁极相对应的南磁极。此后，一支支探险队前往南极，试图找到南磁极，但都以失败而告终。1909年，一支探险队找到了位于南纬72度15分的南磁极。但实际上，磁极的位置是不断变动的，它沿着规则的"8"字形轨道移动。在这个轨道中，有一个"极点"，即地球自转轴的最南端，它是南半球所有经线的汇聚点，位于南纬90度。于是这个南极点又成为探险家们试图征服的新目标。最早发现并到达南极点的，是挪威探险家阿蒙森。

　　阿蒙森于1872年出生在挪威，中学时代阅读了很多航海探险的书籍，积累了丰富的海洋航行知识。为了获得实际航海经验，阿蒙森在1893年毅然从大学里跑了出来，到一艘捕海豹的船上当水手。1897年，他中断了医学院的学业，以大副身份加入比利时船队赴南极考察。

　　阿蒙森计划在1909年的秋季出发，向北极极点进军。无奈这年的4月6日，美国海军上将罗伯特·皮尔里捷足先登，第一个到达北极。阿蒙森得到消息后，决定向南极挺进。1911年1月，阿蒙森乘着"弗拉姆"号船，经过半年多的航行，来到了南极洲的鲸湾。阿蒙森在那里建立了基地，准备度过6个月漫长的冬季。同时，阿蒙森也着手南极探险的准备工作，他率领3名队员，带着充足的食物，分乘3辆雪橇。从南纬80度起，每隔100千米建立一个食品仓库，里面放置了海豹肉、黄油、煤油和火柴等必需品，仓库用冰雪堆成一座小山，小山上再插一面挪威国

旗。这样，在茫茫雪地上，很远就能发现仓库的位置。阿蒙森一共建立了3座食品仓库。当阿蒙森回到鲸湾的时候，英国人斯科特率领的探险队也到了，两个竞争对手进行了友好的互访。

1911年10月19日，阿蒙森和4个伙伴一起，带着52只狗，驾着雪橇向南极点正式进军。一开始，他们进展神速，但越逼近南极点道路越艰难。11月15日，他们终于登上了布满冰川的南极高原，第一次看到了裸露着的红褐色的岩石。阿蒙森兴奋地说："我们已经越来越接近南极点了！明天就地休息，后天开始爬山！"11月19日，他们终于登上了海拔3340米的极地高原的顶部。阿蒙森知道，南极点就在这个极地高原的中心，下一步的工作就是在这个高原的顶部找到他们梦寐以求的目标。与此同时，他们不得不宰杀了24只狗，以保证队员和其他狗的食品供应。12月13日，阿蒙森从测量器上看到他们已经到达南纬89度45分，他掩饰不住内心的激动，向队员们大声宣布："大家注意，我们现在距离南极点已经非常接近，再往前走一段，我们就成功了！今晚大家好好休息，保持体力！"第二天，探险队向南前进了几十千米，阿蒙森突然兴奋地大叫起来："到了！到了！就在这儿！"他们终于找到了南极点——南纬90度，这里海拔3360米。

他们在南极点整整考察了4天时间，队员们都沉醉在成功的喜悦之中。离开南极点之前，阿蒙森在挪威国旗下的帐篷里留下了两封信，一封给挪威国王，另一封给正在行进中的斯科特，请他将信转送给挪威国王。谨慎的阿蒙森知道，他们虽然成功了，但返回营地的征途仍然充满了艰险，他必须做好遇难的准备。不过，命运似乎特别垂青阿蒙森，1912年1月25日，他们安全返回鲸湾。在过去的99天时间里，他们走过了3000千米的艰苦路程，取得了首次发现南极点的巨大成功。另一位探险家斯科特却没有阿蒙森那么走运，他付出了艰苦卓绝的努力也到达了南极点，却比阿蒙森迟了整整33天。更加不幸的是，在返回的途中，由于食物匮乏、天气恶劣，斯科特和他的队友们带着遗憾葬身冰原，为人类的探险事业献出了宝贵的生命。

具有强烈进取心的阿蒙森，并没有因为在南极点的显赫成功而收住探险脚步。1926年5月11日至13日，阿蒙森和意大利人诺彼勒等乘坐"挪威"号飞艇从斯匹次卑尔根群岛起飞，经过北极点到达美国的阿拉斯加，这是人类首次穿越北极的飞行。

1928年5月，诺彼勒驾驶"挪威"号的姊妹飞艇"意大利"号到北极点考察，返航时飞艇突然漏气，坠落在了冰面上。不久后，一位苏联无线电爱好者偶然收到了他们发出的求救信号。"意大利"号飞艇失事的消息很快传开，身在挪威的阿蒙森得知这一消息后也参加了前往寻找飞艇的搜救队。结果另外一只搜救队发现了飞艇和仍然活着的诺彼勒，而阿蒙森和他的5名机组人员却再也没有回来，永远长眠在了北冰洋寒冷的"水晶宫"里。

 智慧人生

一位哲人说过，"探险，是照耀人类前进的太阳"。生为探险而生、死为探险而死的两极探险英雄阿蒙森，是敢于向大自然、向自己的能力挑战的探险者们的代表。他一再展示了人类开拓精神的英雄壮举，永远值得人类传颂和发扬。

趣味地球科学故事

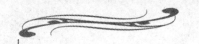

地质测量专家史密斯

　　构成地球表层的岩石，叫作地层，每个地层中都含有特定的生物化石，而且这些化石在地层中的位置是固定的，就像货物放在货架橱窗里一样。这样，按照顺序把所有地层中的化石排列起来，也就串联成了生物进化的历史。最早从事地层与化石关系的研究并做出突出贡献的，是被称为"英国地质学之父"的史密斯。

　　史密斯1769年出生于英国牛津郡一个小农场主家庭。当他还是一个小孩子时，就喜爱收集山中各种各样的石头。当时，正是英国在轰轰烈烈地进行产业革命的时代，找煤、挖煤暴露出许多很好的地层剖面。在岩层中，史密斯看到了各种各样漂亮的化石，有菊石、珊瑚、贝壳等。长大以后，史密斯在一个煤矿测量队给别人当助手。当时，化石是埋藏在地层里的古代生物的遗骸经过石化作用以后，留存下来的无机物已经为人们所共识，不再像以往那样争论化石是大洪水灾变后的产物。但从地层里挖掘出来的化石，到底有什么用处还很不清楚，最多认为能指示沧海桑田的变迁。史密斯在煤矿工作时发现了"地层层序律"：未经扰动的成层的岩层，下面是较早时期形成的，覆盖在上面的是较晚时期形成的。此外，他还发现了"化石层序律"：在下面岩层里所含的化石是较早历史时期生物的遗体形成的，而上面岩层里的化石，则是较晚历史时期生物遗体形成的。这两个规律密切联系，不可分割。根据这两个规律，史密斯终于找到了煤层的分布规律：煤层往往和植物化石在一起，而这些含煤的地层深埋在地下，它的上面是一层红土、不含化石，在红土之上，则是沙土，这里含有丰富的贝壳类化石，属于最新的地层。此后，矿工们按照史密斯的方案去挖，基本上没有落空的。

常年的东奔西走和富有心计的观察，使史密斯对英国地层的研究达到了炉火纯青的地步。但当时的史密斯只是一个名不见经传的土地测量人员，没有多少人相信他的非凡才能。史密斯以自己的真才实学，扭转了人们对他的偏见。一次，他去一个朋友家用餐，聊起地层的数目时，史密斯断言，从地面附近的白垩岩开始，向下到达煤层为止，一共是23层岩石，而煤层之下的地质构造，目前尚无法确定。后来许多专家在各地勘测考证，发现煤层以上的地层确实是23层，不多也不少。这件事使人们对史密斯刮目相看。

1796年，史密斯当选为一个农业协会的会员，从而有机会跻身正规专家之列，同其他对岩石感兴趣的学者交流思想。作为一名地质工程师，史密斯常常外出考察，有时一年的行程就有1.6万千米以上。他把他所有的钱和时间都用在了旅行搜集地质资料上。1815年，史密斯划时代的杰作——《英格兰和威尔士地质图》，终于出版了。这是英国第一张地质图，也是世界上的第一张地质图。目前英国的地质图与史密斯当初绘制的图只有细微的改动。当时，史密斯的经济非常困难，为了出版这份地质图，他不得不将自己多年来所收集的化石卖给了伦敦的不列颠博物馆。

一年之后，史密斯又撰写了《根据有机物化石所鉴定的地层》，这本书实际上是他发现的"化石层序律"的总结。他在这本书的序言写道："有机物化石及其产地，可以被所有人，甚至不识字的人所认识，而这些化石则为认识土壤和土壤以下的岩层从各方面提供很好的线索。"这几句简单的话，说明了一个真理，科学并不神秘。任何客观事物都可以认识，而且任何人都有条件去认识它。在这本书里，他还写道："一切地层都是在海底沉积的，每一层都含有它形成期间的海生动物遗体。因此，每一地层都含有它特有的化石，大多数情况下，根据这些化石就能确定不同地点的地层是否同时形成的问题。"这段简明扼要的阐述，也就成为他的"化石层序律"的基本概念。直到今天，这一规律仍然是野外地质考察的基本原则之一。

1839 年 8 月，史密斯在赴伯明翰出席科学会议的途中去世了。他生前获得的荣誉至今不衰，被公认为是地层学的奠基者。

  智慧人生

> 　　每一层岩石都是无声的历史，一套地层就是一部长长的历史。史密斯为人类打开了这本地层之书，用他敏锐的观察和不懈的追求，将书中的文字翻译成人类的语言。史密斯的发现给我们以深刻的启示：真理就在你的身边，只有善观察、勤思考、积极探索的人，才能最终发现真理。

洪堡德与第一份 "火山喷发" 记录

在南美洲哥伦比亚的腹地，一位青年学者在当地印第安人的帮助下找到了一些位于平原上的小丘。这些小丘高出地面七八米，丘顶都有一个凹陷口，每隔一段时间，就会有一股强烈的气流伴随着泥浆从中喷薄而出。青年学者对此做了认真的观察记录和气体采样，并留下了地学历史上第一份关于喷发泥火山的精确记录和科学分析。这一幕发生的时间是在 200 多年以前，这位青年人就是日后闻名于世的德国科学家——洪堡德。

洪堡德出生于德国首都柏林的一个地主贵族家庭。他的父亲是普鲁士军队的一名军官，在洪堡德 10 岁时就去世了。洪堡德和他的哥哥是由母亲带大的，母亲为他们请了最好的家庭教师，这为他们奠定了古典文学和数学的良好基础。母亲并不赞成洪堡德参军，而坚持要他学习经济，希望将来做个政府文职人员。幸亏洪堡德的家庭数学教师把他介绍给聚集在柏林的一个知识分子沙龙，那里经常有一些著名的学者进行科学演讲，还包括一些示范实验。加上洪堡德与生俱有的一种几乎对各种新鲜事物的极度好奇，把他引向了科学的道路。当洪堡德进入法兰克福一所大学读书时，他已经对物质世界各个方面很感兴趣了。可是他只读了一个非常短的时期，在他母亲的坚持下，他又回到柏林大学学习工厂管理。然而他利用这段时间增加了希腊文的知识，甚至开始学习植物学。

1796 年，洪堡德的母亲去世，他继承了一笔小小的遗产，足以应付生活所需。于是他毅然决定离开舒适的生活环境，筹划去美洲进行长途科学考察旅行。

　　1799 年 6 月 5 日，洪堡德和法国植物学家邦普兰踏上"毕查罗"巡航舰扬帆起航，从西班牙的卡塔纳港出发，开始了他一生中具有重要意义的美洲之行。在这次科学考察和旅行中，洪堡德先后到过委内瑞拉、古巴、哥伦比亚、厄瓜多尔、智利、墨西哥、美国等许多地方，亲自察看了南美洲热带森林的自然景象和由于人为破坏而导致的湖面缩小、泉水干涸的不良现象，还考察了厄瓜多尔的火山以及动植物随着纬度和海拔高度而变化等诸多自然现象。其间他还专门对古巴、墨西哥的政治和经济状况进行了调查。1804 年 6 月 26 日，洪堡德结束美洲之行，回到了欧洲。这次为期 5 年的科学考察，使洪堡德受益匪浅。他通过自己的辛劳收集到的各种动植物标本和岩石标本，以及沿途观察所记录的大量日记、图画等有 35 大箱，它们都被分批运到巴黎和伦敦。洪堡德这一不平凡的经历，使他一下子成了时代的英雄。人们赞赏他的牺牲精神和对知识的不懈追求。当时洪堡德在欧洲成了仅次于拿破仑的著名人物，人们像期待凯旋的将军一样欢迎他归来。

　　返归欧洲后不久，洪堡德和邦普兰便留居在巴黎，埋头分析整理带回来的 35 箱科学资料，先后达 20 年之久。后来，洪堡德写成了 30 卷本的《新大陆热带地区旅行记》。1827 年，洪堡德回到柏林。这时，他的私人财产由于他的旅行和印刷发行他的科学论著而耗尽了。他只好接受了普鲁士王宫一个宫廷大臣的职位。两年以后，洪堡德又应俄国沙皇的邀请，去了圣彼得堡。这时的洪堡德已年过花甲，仍壮心不已，他骑马乘车跨越险峻的乌拉尔山脉，考察了广袤的西伯利亚，从叶尼塞河直到中国边界处的阿尔泰山脉，并在归途中考察了里海。此次北亚之行，为期半年，行程 15480 千米。洪堡德在途中十分注意观察温度，他清楚地看到在同一纬度上气温因为离海洋的远近不同而不同。回到圣彼得堡以后，他力劝沙皇建立起一个气象站网来定期记录天气情报，沙皇答应照办。到 1835 年，俄国气象站网已从圣彼得堡往东一直设立到北美洲阿拉斯加沿海的一个岛屿上。洪堡德后来根据这些观测站资料，在 1845 年制成第一幅世界年平均等温线图。

　　洪堡德从俄国回到柏林后，每天伏案十几个小时，致力于他一生艰苦跋涉和辛勤研究的结晶——《宇宙》——的著述。这是一部意在包罗万象地描绘地球的书。的确，在洪堡德以前，没有任何一个人像他那样充分地认识过世界；也没有任何一个人，具备如此丰富的知识来撰写这样一部巨著。

《宇宙》共5卷，第1卷于1845年出版，当时洪堡德已76岁了。第5卷则是在他死后根据他遗留下的大量笔记复印的。1859年5月6日，这位90岁高龄的老人离开了他生活的世界，到另外一个世界旅行去了。他去世以后，世界各国一直把他作为科学文化名人纪念他。1946年德意志民主共和国还把古老的柏林大学命名为洪堡德大学。

 智慧人生

洪堡德是一个时代的顶峰，也象征着一个时代的结束。他从直接观察事实出发，运用比较法，揭示了自然现象间的因果关系，从而对僵化的自然观有所突破，在自然地理方面打开了缺口。《宇宙》一书的问世，被公认为近代地理学形成的标志。由于洪堡德的巨大影响，德国地理学一度成为西方地理学的中心。

探险家普尔热瓦尔斯基

　　从 19 世纪到 20 世纪初，极富领土扩张野心的沙皇俄国曾派出一批又一批由现役军官组成的探险队，对我国西北地区进行一系列"科学"考察。一些探险家们成了沙俄对华渗透和领土扩张的先行者，这其中就包括曾在我国新疆发现了普氏野马的普尔热瓦尔斯基。

　　普尔热瓦尔斯基出生于军人世家，身为职业情报军官的他，还是一位自学成才的自然博物学家，爱好收集野生动植物标本。早年作为情报军官考察远东及中国东北时，他不仅在兴凯湖、乌苏里江一带绘制了地形图，采集了大量的动植物标本，还记下了详尽的考察日记。他的工作得到俄国皇家地理学会的积极肯定和鼓励，被授予一枚银质科学奖章。这极大鼓舞了他的探险热情。

　　1870 年，受军方和皇家地理学会的资助，作为俄军总参谋部军官的普尔热瓦尔斯基开始了第一次探险。他从靠近蒙古边境的俄国城市恰克图出发，经过库伦（今蒙古乌兰巴托）来到北京。此后，他往北抵达呼伦湖。他被呼伦湖的美丽倾倒，为呼伦湖绘制了一幅全景图。然后他再上路拐往南行，来到包头。不久，他又穿过鄂尔多斯高原，向西南进发，考察了青海湖。离开青海湖后，普尔热瓦尔斯基继续往南，深入柴达木盆地，登上了巴颜喀拉山脉，成为向黄河和长江上游挺进的欧洲第一人。他原想去拉萨，但是经费用完了，更重要的是时令已进入冬季，青藏高原早已大雪封山。普尔热瓦斯基只得中途而返，越过大戈壁，仍回到出发地恰克图。归来不久，他将这次探险经过整理编写成著名游记。游记的出版即刻引起欧洲的轰动，很快被全文或者节译成欧洲许多国家的文字，并一版再版。普尔热瓦尔斯基也就在一夜之间成了欧洲的名人。

普尔热瓦尔斯基的第二次探险是在 1876 年。这一次，他从伊宁出发，沿伊犁河谷地前行，沿途满目苍翠，杨柳依依。他跨越了天山山脉，又从库尔勒涉过塔里木河，发现了喀喇布朗和喀喇库什两个湖泊。湖水很浅，有的地方都已底朝天。但这里野生动物很多，有好些连普尔热瓦尔斯基这位颇有造诣的业余生物学家也叫不出名来。普尔热瓦尔斯基怀疑这里就是神秘的罗布泊。后来他惊奇地发现，清朝《皇舆全览图》上所标的罗布泊位置，与他实地考察的位置竟相差了一个纬度。尽管他是除了马可波罗之外，唯一真正见过罗布泊的西方人，但著名的德国地理学家李希霍芬还是对此提出质疑。他认为普尔热瓦尔斯基所见并非真正的罗布泊，真正的罗布泊应该在更北边，它应该是一个咸水湖，而不是普尔热瓦尔斯基所见的淡水湖。由此引发了一场关于罗布泊地理位置及其变迁的"跨世纪的地理学大论战"。后来的考察使学术界的意见趋于一致：两人都没错，原因是罗布泊是一个频频变迁的湖泊，其位置受流入湖内水量的多寡影响。

普尔热瓦尔斯基的第三、第四次探险，目标都是西藏。与当时来华的许多西方探险家一样，普尔热瓦尔斯基的行为也表现出强烈的殖民主义色彩。在考察过程中，他对当地居民极不尊重，稍不遂意，就诉诸武力解决。一次，考察长江源时，普尔热瓦尔斯基率领的考察队与果洛部落人发生冲突从而引发枪战，结果普尔热瓦尔斯基一方武器先进，打死了不少当地居民。后来，考察队深入西藏腹地，到达离拉萨只有 270 千米的地方，但遭到当地驻军的阻止，考察队最终被赶了回去。以到达被西方世界视为秘境的拉萨作为最高愿望的普尔热瓦尔斯基，终究也未能实现这个目标。

为了获得活的野马，普尔热瓦尔斯基在第三次到中国探险时，曾率领探险队先后三次进入新疆准噶尔盆地搜捕野马。新疆野马奔驰迅速，普通马根本追不上，普尔热瓦尔斯基命人用四匹马追逐，不停地更换马匹，不给小马驹喘息之机。在换到第四匹马的时候，一匹刚生下来三个小时的马驹还是落到后面，考察队员一齐扫射，母马倒地，小马驹不认识枪弹，只认识母亲的身体，折回母亲身边。考察队员先后在小马后腿上放了两枪，马驹跪倒在母马跟前，交颈相摩。母马后来被制成了标本，从此轰动西方，因为这是世界上仅存的野马种类，新疆野马从此被称为普氏野马。普氏野马的名字被传到欧洲以后，殖民者开始疯狂地来新疆

趣味地球科学故事

捕猎野马，以至于后来原生野马的彻底消亡。除了普氏野马之外，还有一种以普尔热瓦尔斯基名字命名的普氏原羚。据说全球各地的自然博物馆很难见到它们的标本。但在俄罗斯圣彼得堡俄罗斯科学院动物研究所博物馆里竟珍藏着 27 张普氏原羚皮张，12 具普氏原羚头骨。那都是当年普尔热瓦尔斯基用马车从中国拉回去的。如今的青海湖畔已很难见到成群的普氏原羚了。

壮志未酬的普尔热瓦尔斯基在 1888 年又踌躇满怀地开始了第五次中亚探险。就在即将抵达中国边境的途中，他感染了伤寒。半个月后，普尔热瓦尔斯基病逝了。

普尔热瓦尔斯基来中国的四次考察，不但使他的军衔从少校变成了将军，而且他的种种重大发现也令他名垂学术史。今天我们对新疆地理特征最通常的表述——"三山夹两盆"，就是由普尔热瓦尔斯基最初勾画在中亚地图上的。让普尔热瓦尔斯基"千古留名"的，还有他在生物学方面的贡献。在四次探险考察中，他先后共采集了 15000 个植物标本和大量动物标本——哺乳类 702 种，鸟类 5010 种，爬虫类 1200 种，鱼类 643 种。他的这些工作对后来中国西部地区的研究逐渐地表现出重大的意义，因为普尔热瓦尔斯基曾经记录并标本的有些物种如今已完全消失了。

 智慧人生

> 普氏野马的发现，让普尔热瓦尔斯基名动世界，也引来了无数贪婪的"猎手"。不管今天各国人民对他如何定义，但普尔热瓦尔斯基被公认为当时最为重要、取得成果最为丰富的探险家，是他把对中国西部的探险考察发现介绍给了世界，拉开了近代意义上西域科学探险考察的序幕。

哈勃与大西洋中脊

我们中国有句古话："有心栽花花不开，无心插柳柳成荫。"意思是说，无意之中往往有意外的收获。在 20 世纪初一位叫哈勃的德国化学家就是个经历了不幸的幸运儿。

1918 年，第一次世界大战刚刚结束，德国作为战败国在合约上签了字。由于连年的战争，德国的经济已经全面衰败，国家不仅缺粮、缺物、缺劳动力，还特别缺钱，因为战争赔款高达 1200 亿马克，这对当时的德国政府来说，无疑是雪上加霜。谁如果在这个时候能提出弄到钱的办法，一定能获得政府的全力支持。这时，德国著名化学家哈勃通过试验，发现海水中能提取黄金。尽管提取的办法十分复杂，但是，海水中能够获得黄金是千真万确的。这位化学家研究发现，在 1 立方千米的海水里含有约 5 吨的黄金，只要处理 10 立方千米的海水，就可以得到 50 吨黄金。大西洋中的海水有的是，战争赔款完全可以通过从海水中提取黄金来实现。化学家把自己的新发现报告给了政府。政府官员看到这位有名气大化学家献的计策，除了乐得合不上嘴，没有提出任何的怀疑。很快，德国政府专门为这位化学家配备了一艘当时最先进的海洋调查船——"流星"号。

哈勃按照计划，先将这艘海洋调查船改装成处理海水的"流动工厂"，然后进入大西洋，一边调查，企图找到含黄金高的海水；一边做

从海水中提取黄金的试验。然而，这位聪明的化学家由于求财心切，忽视了一个十分简单的事实，50 吨黄金，从绝对值来看，的确不少，然而包含这些黄金的 10 立方千米的海水却要达到 10 亿吨重。这就是说，黄金在海水中的含量太低，要想从中提取到有价值的黄金，不要说在当时，就是在今天也是十分困难的。哈勃指挥着"流星"号从大西洋的这一头，航行到另外一头，希望能发现含黄金量高的海水。结果是大西洋中各处海水的含金量都差不多，不仅含金相差无几，所含的化学元素量也差不多。他们只好在大西洋上不间断地淘。通过改善工艺流程，希望获得较多的黄金。然而一年过去了，不仅所获无几，而且耗费了几乎所有的财力，最后连船员的生活费也都搭了进去，仍然看不到成吨的黄金。

就在化学家几乎陷入困境之际，德国科学家的另一项发明问世了。这项新发明叫"回声探测仪"，也就是今天已经广为使用的声呐。1925 年，哈勃在"流星"号上安装了一台"回声探测仪"，希望通过这台新设备获得更多更详尽的海洋资料。在使用回声探测仪后，人们惊奇地发现，在大西洋中部的某些海域，不是人们想象的那么深了，而是非常之浅。也就是说，在大西洋的中部，有一段洋底是一块规模不小的凸起的高地，这个新发现令哈勃博士感到意外和吃惊，因为，过去人们一直认为，大西洋中部肯定是又深又平坦的，怎么会有凸出洋底的高地呢？

因为有了新的发现，哈勃便改变了自己的研究方向，把从海洋中淘金的事放置一边，集中精力收集大西洋洋底的深度资料。在这之后的 3 年时间里，"流星"号测量了数万个点的深度。随着深度资料不断积累、整理和分析，一条像巨龙一样的海底山脉逐渐显现出来。后来，哈勃向世人宣布他在大西洋上的发现：在大西洋的中部，从南到北，有一条上万千米长的"巨龙"似的山脉。它伏卧在洋底，成为大西洋的一条"脊梁骨"。因此，科学家给它起了一个十分形象的名称——"大西洋中脊"。

今天，人们已经通过更为先进的技术手段查明，大西洋中脊从大西洋靠近北极圈的冰岛出发，向南延伸经大西洋的中部，弯曲延伸到南极附近的布维岛，差不多从地球的最北端，一直延伸到地球的最南端，呈

"S"型，长度达到1.5万千米，平均宽度达到1000米。这座高山巨大的规模，远远超过世界陆地上的任何山脉。

知识链接

科学技术既可以造福于人类，也可以给人类带来危害。1918年，哈勃因发明氮肥而获得诺贝尔化学奖。与此同时，他还成功地将氯气武器化，并亲自监督了第一次对人的袭击。后来，哈勃因为犹太人身份逃离纳粹德国。纳粹集中营用他发明的毒气，大批处决犹太人。

大陆漂移学说之父魏格纳

"大陆漂移学说"是解释地壳运动和海陆分布、演变的理论。它认为：地球上所有大陆在中生代以前是统一的巨大陆块，后来它分裂并漂移，逐渐到达了现在的位置。提出这一理论的并不是地质学家，而是天文和气象学家魏格纳。

魏格纳 1880 年 11 月 1 日生于德国柏林。25 岁时，他获得了天文和气象博士学位，此后便开始致力于高空气象学的研究。1906 年 4 月，魏格纳和他的弟弟参加了探空气球比赛。当时持续飞行时间的世界纪录是 35 小时，魏格纳兄弟却飞行了 52 小时，一举刷新了世界纪录。

1906 年夏天，魏格纳实现了自己多年以来梦寐以求的理想，他应邀参加丹麦探险队，深入到格陵兰从事气象和冰河的调查。在这里，他度过了两年艰辛的探险生活。在格陵兰，他发现了许多奇异的现象。他惊奇地看到，冰冻得比石头还硬的冰川，居然也能够缓慢地移动。他还看到，格陵兰有着丰富的地下煤层，但是，格陵兰位于北极圈内，根本没有高大的树木，那么，地下的煤层又是从哪里来的呢？魏格纳百思不得其解，忽然，一个奇怪的念头又闪现在他的大脑里，莫非北极圈内的陆地是从别处漂移过来的？

1910 年的一天，魏格纳在偶然翻阅世界地图时，发现一个奇特现象：大西洋的两岸——欧洲和非洲的西海岸遥对北南美洲的东海岸，轮廓非常相似，特别是巴西东端的直角突出部分，与非洲西岸呈直角凹进的几内亚湾非常地吻合。自此以南，巴西海岸的每一个突出部分，都恰好与非洲西岸同样形状的海湾相对应，而相反的是巴西海岸每有一个海湾，非洲方面就有一个相应的突出部分。这难道是偶然的巧合？魏格纳的脑海里闪过这样一个念头：非洲大陆与南美洲大陆是否曾经贴合在一起，也就是说，从前它们之间并没有大西洋，而是到后来才破裂、漂移而分开的。第二年秋天，魏格纳在翻阅文献时，读到一篇论文，其中提到根据古生物证据证实，巴西和非洲之间曾有过陆地相联系。他由此更觉得大西洋两岸轮廓的相似事出有因，恐怕并非偶然。他还想到，这或许是一个涉及大陆形成或地球深化的大问题，值得认真研究探讨。然而，大陆漂移问题远远超出了学科的界限，它牵涉到地质、古生物、动物地理和植物地理、古气候以及大地测量等一系列学科。俗话说，隔行如隔山，涉及的学科知识如此得广泛，因而论证起来，难免力不从心。但是，勇于探索的魏格纳执意要把这个问题追究到底。他努力学习吸收离他专业较远的地质学和古生物学知识，从多方面收集大陆曾经连接和漂移的证据。

魏格纳经过多年的考察及精心研究，终于把简朴粗略的大陆漂移设想发展成为一项完整而系统的理论。1912 年 1 月 6 日，在法兰克福召开的地质学会议上，魏格纳首次发表了他的学说。他明确地指出："南美洲与非洲原本是相互连接的一块大陆，后来因地壳剧烈变动，导致这块大陆分裂成两片，形成了今日各自独立的两块大陆。"

魏格纳的大陆漂移说发表以后，立即在全世界的地质学界引起了一场轩然大波。有人为之鼓掌喝彩，也有人斥之为奇谈怪论，因为从来人们就认为大陆是不动且不变的，大陆会裂开，而且会漂移，这真是太不可思议了。为了替大陆漂移说寻找冰川学和古气候学的证据，魏格纳再次进行了横跨格陵兰的考察，从而获得了大量丰富的第一手资料。1915年，魏格纳写完了研究大陆漂移说的划时代的地质文献《海陆起源》。在这本书里，魏格纳如同一位博古通今的高级导游，把人们带进"新迪斯尼乐园"，去参观古往今来海陆的迁移变化。按照魏格纳的描述，在距离今天大约 3 亿年前的古生代，地球上只有一块完整的大陆，叫作"泛大陆"，周围全部是汪洋大海。后来，由于天体引力和地球自转离心力的作用，这块"泛大陆"开始分崩离析，犹如浮在水面上的冰块，越漂越远。从此，美洲和非洲、欧洲分开，中间留下浩瀚的大西洋。非洲的一部分告别了亚洲，在漂移的过程中，其南端略有偏转，渐渐与印巴次大陆脱开，诞生了印度洋。到了距今大约 300 万年前的第四纪初期，地球表面各大陆终于漂移到今天的位置。魏格纳提出的最明显的证据，便是大西洋两岸大陆海岸线的相似性。由于这些大陆在分裂时发生了大规模的玄武岩浆喷射，形成了今天分布在非洲安哥拉和南美洲巴西的同一个成矿带。

魏格纳所勾画出的这样一幅大陆漂移的轮廓，在当时引起了轰动。许多人都流露出震惊、激动，同时也夹杂着难以置信。在人们心目中一

向是安如磐石的大陆，居然像船一样，可以漂浮活动，这实在是不可思议，有人甚至说这是"一位大诗人的梦"。

魏格纳在反对声中继续为他的理论搜集证据。1930年4月，他率领一支探险队第三次深入到冰天雪地的格陵兰进行考察。这一次，他试图重复测量格陵兰的经度，以便从大地测量方面进一步论证大陆漂移。在极为不利的条件下，魏格纳一行从事气象观测，并且利用地震勘探法对格陵兰冰盖的厚度作了探测。这年11月1日，魏格纳在格陵兰中部的爱斯密特基地里草草过完了自己的50岁生日后，决定返回海岸基地。第二天，格陵兰岛上风雪漫天，气温降到－40℃。魏格纳在极端险恶的环境中前进，每前进一步，都要付出巨大的代价。连续几个月的极度劳累，魏格纳终因心力衰竭倒在雪地里，再也没有爬起来。由于魏格纳和他的同伴迟迟未归，附近的科学考察基地曾试图派飞机前往搜索。然而，无情的格陵兰冬季使得一切希望都落空了。直到第二年四月，他的尸体才被搜索队发现，但是，他已被冻得硬如石头，与北极冰河融为一体了。

魏格纳去世30多年以后，世界各国的学者们对大陆漂移学说又进行了充分的研究，形成了"海底扩张学说"和"板块构造学说"，充分揭示了魏格纳生前一直没有解决的漂移动力问题。这时，人们不由得惊叹：魏格纳不愧是一位卓越的地质诗人，他的"大陆漂移学说"是震撼世界的不朽的"地质之歌"。

 智慧人生

在"大陆固定"观念盛行的时代，魏格纳的理论无疑是新奇的，这也体现了他寻求真理、正视事实、勇于探索和不惜献身的科学精神。大陆漂移学说在被证明是正确的以后引发了20世纪70年代的地学革命。魏格纳本人和他的大陆漂移说也获得了科学史上应有的地位。

赫斯与“地球的诗篇”

20世纪50年代，科学家发现：世界大洋洋底纵贯着一条连续延伸长达64000千米的中央海岭体系。这条巨大的海底山岭，犹如一条巨龙，蜿蜒曲折，从北冰洋到大西洋、印度洋，直至太平洋，连成一个环绕全球的大洋中脊。此外，科学家还出乎意料地发现，海底岩石很“年轻”，而且离大洋中脊越近，岩石年龄越小。20世纪60年代初，一位名叫赫斯的美国人提出了“海底扩张学说”。

赫斯1906年生于纽约，毕业于著名的耶鲁大学。第二次世界大战爆发后，他应征加入海军，成了一名舰长。虽说赫斯由一名学者变成了军人，但他热爱海洋科学，他的理想是不断揭示海洋奥秘。

赫斯利用巡逻的机会，用声呐对太平洋洋底进行探测并把航线上的数据加以分析整理。分析这些测深剖面时，一种奇特的海底构造，引起了赫斯的注意：在大洋底部，有从海底拔起像火山锥一样的山体，它与一般山体明显不同的是没有山尖，这种海山顶部像是被一把快刀削过似的，非常之平坦。连续发现这种无头山，让赫斯感到大惑不解。战争结束后，赫斯又回到他原先执教的大学工作。他把自己发现的无头海山命名为“盖约特”，以纪念瑞士地质学家盖约特。因为这种海山的顶部均为平坦，人们又称之“海底平顶山”。后来的调查证实，海底平顶山曾是古代火山岛。那么，既然是海底火山，为什么又没有头了呢？赫斯的解释是，新的火山岛，最初露出海面时，受到风浪的冲击。如果岛屿上的火

山活动停息了，变成一座死火山，在风浪的袭击下被侵蚀，失去再生的能力，天长日久，火山岛终于遭到"砍头"之祸，变成为略低于海面具有平坦顶面的平顶山了。

赫斯的研究并没有到此为止。他发现，同样特征的海底平顶山，离大洋中脊近的较为年轻，山顶离海面较近；离大洋中脊远的，地质年代较久远，山顶离海面较远。最初，人们对这种现象无法解释。到了1960年，赫斯大胆提出海底运动假说。他认为，洋底的一切运动过程，就像一块正在卷动的大地毯，从大裂谷的两边卷动。地毯从一条大裂谷卷到一条深海沟的时间是1.2亿～1.8亿年。

1962年，赫斯发表了他的著名的论文——《大洋盆地的历史》。在这篇论文里，赫斯提出了后来被人们称为"地球的诗篇"的"海底扩张学说"。这一理论恰好可以解释当年魏格纳无法解释的大陆漂移理论。

为什么海底会扩张和移动呢？原来，在地壳的下面是厚达2900千米的地幔，由于地幔温度很高，压力很大，使地幔物质处于熔融状态，像沸腾的钢水一样不断翻滚、对流。所谓对流，就是物质的一种循环流动，如一壶水在加热过程就存在对流：直接加热点上的水，因升温而向上流动，然后再向四周流散开去，同时四周的水再向加热中心涌来，如此周而复始，形成了壶水中的对流。与此相仿，处于高温熔融状态的地幔物质也是这样。大陆则被动地在地幔对流体上移动，而不是像魏格纳当初设想的大陆像冰块一样浮在洋底上漂移。当岩浆上涌对流到岩石圈的底部时，地幔流受到了阻碍，于是就分成两股朝两侧流动。它的力气可真不小，能把岩石圈撕开，地下的岩浆就乘此机会冲出海底喷射出来。低温海水使它冷却凝结，铺在老的洋底上，变成新的洋壳。当然，地幔涌升绝不会就此停止，在随之而来的地幔涌升力的驱动下，新洋壳被撕裂，裂缝中又涌出新的岩浆来，冷凝固结，再为涌升流所推动，把原来的海底挤向两侧。渐渐地在这儿隆起了一座高高的海岭，横贯大洋的中央。分开的海底就像被驮在传送带上似的，慢慢地向两侧推移开去。这就是海底扩张。

海底在扩张，那么海底会不会变得越来越宽呢？不会的。在传送带上的海底地壳自有它的归宿，这个归宿就是大洋的边缘。旧的海底被送到这儿之后，遇到大陆地壳使扩张受到阻碍，于是洋壳就连同上面的沉积物一起向下面俯冲，重新钻入地幔之中。海洋的底部就是这样被替换更新着，大约每2亿年一次。这自然可以解释为什么海洋是古老的，而海底却永葆青春。

 知识链接

赫斯用他的"地球诗篇"为人类揭示了地球分分合合的运动奥秘。现在人们终于明白了这样一个事实：海洋虽有漫长的地质历史，但洋底却以2亿年的周期在一代又一代地更新，就如同人类已有悠久的历史，而人却以平均70岁寿命代代相传一样。

勒皮雄与"板块构造学说"

海底扩张学说的诞生，可以解释一些大陆漂移说无法解释的问题。当年魏格纳的"大陆漂移学说"，被赫斯的"洋底扩张学说"所代替就是情理之中的事了。但就是在"洋底扩张学说"被人们普遍接受不久，一位年轻的地质学者又提出了"板块构造学说"，他就是法国人勒皮雄。

勒皮雄1937年生于越南。他在上中学的时候就立志要当海洋学家。1959年，勒皮雄得到政府的奖学金，赴美国留学。在著名海洋地质学家尤因教授领导下的拉蒙特研究所学习并留在那里从事研究工作。

在拉蒙特研究所工作期间，所里的研究人员都对"洋底扩张学说"十分感兴趣，唯独勒皮雄对"洋底扩张学说"的事实准确性有怀疑，甚至对英国剑桥大学两位学者瓦因和马修斯提出的海底古地磁异常理论也有自己的解释。尽管他的看法是少数，他也没有轻易地转变自己的立场。1966年，他随一个考察队到南太平洋进行洋脊调查，获得了1500千米的磁性剖面资料。之后，他又随着一支考察队到印度洋进行调查。从印度洋考察回来后，勒皮雄忙于整理调查资料。他根据已经获得的各大洋磁异常和磁异常年龄方面的数据资料，企图找到新的解释。但是，这些材料缺乏机理上的联系，无法理出头绪，使他迷惑不解。正巧，1967年在华盛顿召开了地球物理联合会。为了寻找启示，他放下手头的工作，参加会议。他在"岛弧、洋脊和洋底扩张"专题会上，听了美国普林斯顿大学年轻教授摩根的发言，颇受启发。摩根认为，地球表面是由被称之为"板块"的刚性球冠构成的，在洋脊处不断增生更新过程中，板块与地球表面发生不变形位移，直到海沟处才被俯冲吞噬。摩根的这篇口头发言，尽管还很不系统，但给予勒皮雄很大启发。在此后的6个月中，勒皮雄首次系统地提出了一个震惊国际地学界的新理论——"全球板块运动模式"。

1968年5月，勒皮雄在《地球物理学研究》杂志上发表了一篇论文，首次提出了"板块构造学说"。在这篇文章中，勒皮雄指出：地球表面是由太平洋板块、欧亚板块、印度洋板块、非洲板块、美洲板块和南极洲板块镶接而成的，这六大板块经过近 2 亿年的运动，才到达今天的位置。此外，他还对这六大板块的运动方向和运动速度进行了精密计算。

"板块构造学说"冲破了传统地质学的狭隘性，为地学研究提供了一个进行思维和推理的新框架。借助这个理论，我们可重建地球表面演化的历史：2.25 亿年前，也就是恐龙繁盛的时代，地球上的大陆还是连在一起的联合古陆。大约在 2 亿年前，联合古陆发生明显的分裂，到中生代早期，联合大陆分裂为南北两大古陆，北为劳亚古陆，南为冈瓦纳古陆。到三叠纪末，这两个古陆进一步分离、漂移，相距越来越远，其间由最初一个狭窄的海峡，逐渐发展成现代的印度洋、大西洋等巨大的海洋。到新生代，由于印度已北漂到亚欧大陆的南缘，两者发生碰撞，青藏高原隆起，造成宏大的喜马拉雅山系，古地中海东部完全消失；非洲继续向北推进，古地中海西部逐渐缩小到现在的规模；欧洲南部被挤压成阿尔卑斯山系，南、北美洲在向西漂移过程中，它们的前缘受到太平洋地壳的挤压，隆起为科迪勒拉－安第斯山系，同时两个美洲在巴拿马地峡处复又相接；澳大利亚大陆脱离南极洲，向东北漂移到现在的位置，从而形成了我们现在所看到的大陆分布状况。

 知识链接

　　"板块构造学说"翻开了人类对地球认识的新篇章，有人认为它在地质学史上犹如哥白尼的太阳中心说，是"地质学的一次革命"。虽然现在板块构造的简单模式遭到了质疑，但它倡导的活动论的观点、全球构造的观点和多学科协同攻关的方法等将得到发扬光大。也正因为这样，地质学这门古老的学科永远是充满活力的年轻学科。

学 科 猜 想

人类的"故乡"需要我们的保护

地球是人类的故乡。人类在地球上出现距今已有 300 万年左右的历史，为地球总年龄 46 亿年的 1/1500。人类史和地球史相比，虽然显得年轻，但人类出现后，对于地球的影响却是非常深刻的。人类一方面积极地合理规划，改造自然、利用自然、美化环境，创造了许多有利于人类生产、生活的条件；但另一方面，在利用自然资源、发展生产的同时，又在破坏自然，并因此而遭到大自然的无情惩罚。

有资料表明：自 1860 年有气象仪器观测记录以来，全球年平均温度升高了 0.6℃，最暖的 13 个年份均出现在 1983 年以后。20 世纪 80 年代，全球每年受灾害影响的人数平均为 1.47 亿人，而到了 20 世纪 90 年代，这一数字上升到 2.11 亿人。目前世界上约有 40% 的人口严重缺水，如果这一趋势得不到遏制，在 30 年内，全球 55% 以上的人口将面临水荒。自然环境的恶化也严重威胁着地球上的野生物种。如今全球 12% 的鸟类和

1/4 的哺乳动物濒临灭绝，而过度捕捞已导致 1/3 的鱼类资源枯竭。

1970 年 4 月 22 日，在太平洋彼岸的美国，人们为了解决环境污染问题，自发地掀起了一场声势浩大的群众性的环境保护运动。在这一天，全美国有 10000 所中小学，2000 所高等院校和 2000 个社区及各大团体共计 2000 多万人走上街头。人们高举着受污染的地球模型、巨画、图表，高喊着保护环境的口号，举行游行、集会和演讲，呼吁政府采取措施保护环境。从此，美国民间组织提议把 4 月 22 日定为"地球日"，它的影响随着环境保护的发展而日趋扩大并超过了美国国界，这个提议得到了世界许多国家的积极响应。

人类历史上的第一个"地球日"，是由美国哈佛大学法学院的一个刚满 25 岁的学生海斯在校园发起和组织的。他在今天被誉为"地球日之父"。但实际上，"地球日"最早的发起人并不是他，而是美国一位政界名人尼尔森。1962 年，美国威斯康星州民主党参议员尼尔森，试图说服肯尼迪总统，进行一次保护野生动物的旅行，以引起公众注意保护环境，总统十分赞同这个建设性的意见。第二年秋，尼尔森与另外 3 名参议员，参加了总统这次"十分有意义的"旅行，这是一个良好的开端。尼尔森又酝酿设立"地球日"。1969 年夏，尼尔森和参议院的同事成立了一个组织，制定了纪念全国性地球日活动计划，并于同年 9 月初宣布了这件事，包括要在全美各大校园内举办环境保护问题的讲演会等。美国人民的反应极为热烈，令尼尔森始料未及。

1969 年，尼尔森提议，在全国各大学校校园内举办环保问题讲演会，海斯听到这个建议后，就设想在剑桥市举办一次环保的演讲会。于是，他前往首都华盛顿会见了尼尔森。年轻的海斯谈了自己的设想，尼尔森喜出望外，立即表示愿意任用海斯，甚至鼓励他暂时停止学业，专心从事环保运动。于是，海斯毅然办理了停学手续。不久，他就把尼尔森的构想扩大，办起了一个在美国各地展开的大规模的社区性活动。举办"地球日"的主意就这样形成了。海斯选定 1970 年 4 月 22 日为第一个"地球日"。在第一个"地球日"成功举办后，各国的政府环保部门和民间环保组织纷纷成立，"地球日"也因此成为多个国家共同的环保纪念日。

1990 年 4 月 22 日，"地球日"成为第一个"国际地球日"。这天，全世界有数亿人身穿蓝绿两色服装参加"地球日"活动。在我国，当时李鹏总理在 4 月 21 日通过电视发表了环境问题讲话，中央电视台还播放了

"只有一个地球"的专题报道。从此，我国每年都进行"地球日"的纪念宣传活动。

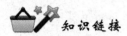

知识链接

> 2009年4月22日，第63届联合国大会一致通过决议，决定将今后每年的4月22日定为"世界地球日"。这份决议得到了50多个国家的联署支持。今天的"地球日"已真正成为地球的节日，它提醒着人类保护地球、善待地球。

未来海底楼阁

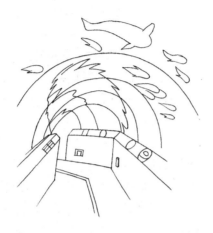

生命起源于海洋，人类繁衍于陆地。今天，面对陆地资源短缺的压力，人类又把目光转向海洋。人类专家预测，到 21 世纪中后期，世界总人口将突破 200 亿。届时有限的陆地空间已不能满足人类正常生活的需求。因此有学者提出，让我们回到大海吧！生命从那里起源，也将能在那里获得新发展。

我们知道，深海是一个高压、漆黑和冰冷的世界，通常的温度是 2℃。在极少数的海域，受地热的影响，洋底水温可高达 380℃。在这样的环境中，人类可能生存吗？

1969 年，美国两位作家为体验生活，来到巴哈巴群岛的比密里参加海底探险活动，他们在比密里岛北岸附近的海底发现了一片由石头像摆成的几何图形，这些石头呈矩形排列，全长约 250 米。同年 7 月，另一个考古探险家和潜水员又在该岛以西的海中发现了一组大石柱，这些石柱有的横卧海底，有的直立在水中。后来据推测，这些城市遗址建筑在 10000～12000 年前，它说明这里曾经存在一座先进的城市。这次发现引起了世界轰动，也促使许多人开始了寻找传说中的海底城市的行动，其后又传出了几个发现海底建筑的传闻。1985 年，美国国家海洋学会的罗坦博士驾驶一个小型深潜器，携带一部水下摄影机对大西洋底进行考察。当他潜到约 4000 米深处时，眼前出现了一幅令人惊异的奇妙景象：面前

趣味地球科学故事

是一个海底庄园，那是一座金碧辉煌的西班牙式水晶城堡。连道路也全部采用类似大理石的水晶块铺设而成。在圆形建筑物顶上，安装着类似雷达的天线，但城市中看不到一个人影，罗坦博士连忙用水下摄影机抢拍镜头，但突然涌来一股不明海底湍流，把他和深潜器推离了这个美丽的海底城市。此后，罗坦博士再也找不到这座海底"水晶宫"了。

水下的这一系列发现，引起整个世界的轰动，可惜，这些毕竟不是水下城市，它只不过是陆地上建筑物沉没在水中的遗迹。但是为了实现海底居住这一梦想，科学家们一直没有放弃过研究和试验。

人类在海洋中的第一间实实在在的住宅是由美国一位叫林克的飞行员建造的，名叫"海中人"1号水下居住室。地点在地中海法国近海水深30米的海底。这间住宅是一个密封金属圆筒，由几个支架支撑着。居室底部有一扇"门"，可供潜水员进入海水；上部是密闭电梯，可供居住者由水上进入居室内。居室内充满着与30米海底压力相同的高压氦—氧混合气体，供居住者使用，以保证住室内不受海水浸淹。林克在水下居住室内，像在陆上家中一样，吃了一顿丰盛的午餐，愉快地渡过了14个小时，然后安全返回海面。

水下住宅与陆上住宅一样，造型各异，生活设施俱全。为了完成他的大陆架开发计划，水肺发明人库斯特建造了几个水下住宅。1962年首次试验时，他建造了"海底之家"，放在10米水深处。在相距200米的波美格岛上设立了指挥所，通过管道和电线，将冷热水、电和压缩空气供给"海底之家"；相互间的联系是通过电话；在"海底之家"还有一台电视机，可以自由收看电视节目；5名潜水员在"海底之家"生活了1个月，经历了许多奇特的事情。他们发现在水下住宅内，香烟燃烧得特别快，人的伤口好得特别快，比陆上要快1倍时间。奇怪的是，室内的电风扇却转得特别慢，胡子也长得特别慢。1963年第二次试验时，库斯特建造了"海星号"，有4个翼。中间是控制中心和会议室，4个翼是4间房，分别是淋浴室、研究室、厨房、寝室。8名海下作业人员在"海星号"度过了1个月的海底生活。1965年第三次试验时，库斯特建造了圆壳形水下住宅，外形像一个球壳，固定在一个有4条腿的台上，全长14米，重130吨，高8米。住宅分上下两层。第一层有出入口，放着6张床的寝室、洗脸间、淋浴室、潜水服干燥室等。第二层是厨房、工作室、洗脸间、实验室等。住宅内设备应有尽有，有壁橱、书架、电视、摄影机及低温冷却装置。

1964年，美国海军海洋局制造了两个活动功能非常俱全的水下居住室，一个叫"西莱布Ⅰ"号，又名"水下实验室Ⅰ号"，建在水下58米；一个叫"西莱布Ⅱ"号，建在水下62米深处。它们都有实验室、寝室、厨房、淋浴室、洗室和潜水仪器等。潜水员在水下生活了几十天，开展科学实验和海洋考察，工作、生活都很正常，胃口大开，品尝了各种好菜。有趣的是，他们请了一只海豚当水下通讯员，为他们运送当天的报纸和亲朋好友的信件。令人激动的是，他们与住在水下100米深处的另一住宅内的法国潜水员互通电话，互相祝贺人类通往深海取得的重大突破。

正常空气由大约五分之四的氮气和大约五分之一的氧气组成。在水下就像是在密封加压的汽水瓶中，空气溶入人体组织和血液中的数量增大，达到饱和状态，人体并无不适，且可长期生活、工作。这一事实说明人类可以在高压的水压下生活。由此，人们发展了"饱和潜水技术"。但是，当潜水员上浮减少水深和压力时，也必须非常缓慢地进行，否则溶入人体组织和血液中的空气不能顺利排出，特别是氮气对人体组织有麻醉作用，造成极大的危害，会引起致命的"减压病"。为此，使用惰性气体氦或氖代替氮气，与氧气混合供海底人员呼吸。同时，在岸上或支援船上有"减压室"，潜水员出水后，进入减压室缓慢减压，使溶入人体内的空气排出，而重新适应地面生活。

各种水下住宅正是根据饱和潜水技术设计而来的，它们为人类提供了海底行动的场所，为人类进军海底世界做出了重要的准备。

 科学展望

21世纪将是人类开发利用海洋的世纪。目前，人类已经不再局限于水下居室的建设，海洋建筑学家们正在勾画海洋城市的蓝图。虽然海底世界的建设会十分艰难，但只要发挥我们的聪明才智和灵巧的双手，在不远的将来，入住海底城市就绝不只是梦想。

探水取"宝"

　　尝过海水的人都知道，海水又咸又苦。这是什么原因呢？原来海水里溶解了大量的气体物质和各种盐类。现在，人们在陆地上发现了100多种化学元素，其中有相当数量的已在海水中找到。科学家们计算，在1立方千米的海水中，有2700多万吨氯化钠，320万吨氯化镁，220万吨碳酸镁，120万吨硫酸镁。如果把海水中的所有盐分全部提取出来，平铺在陆地上，那么陆地的高度可以增加150米。假如海水全部被蒸干了，那么在海底将会堆积60米厚的盐层，盐的体积有2200多万立方千米，用它把北冰洋填成平地还绰绰有余。

　　就海中元素而言，人们现在提取量最多的还是海盐。大家知道，盐是人类不可缺少的食用品，盐还是化学工业的基本原料，因此，人们称盐是"化学工业之母"。现在，人们已经采用科学的方法大量提取海盐。这些海盐供人们食用的只是很少的一部分，大部分还是用作发展化学工业的原料。以食盐为原料，可以生产出许多不同用途的产品，把食盐溶液电解，就能得到烧碱、氯气和氢气等物质。把烧碱加入动植物油中，再放到锅里煮一下，就可以制出肥皂和甘油。植物纤维溶于烧碱后又可以生产出人造丝。氢气和氯气是制造盐酸的原料，将氢气在氯气中燃烧得到氯化氢，再将氯化氢溶于水中就是盐酸。盐酸的用途非常多，合成橡胶、染料、化肥等的制造和生产，都需要大量使用盐酸。每生产1吨尼龙就需要 0.5 吨多盐酸。在有二氧化碳和氨气的条件下，食盐还可以转化为纯碱。纯碱的用途也很大。生产 1 吨钢，需要 10～15 千克纯碱；生产 1 吨铝，需要 0.5 吨纯碱；化肥、造纸、纺织等工业也都需要大量的碱。

电解食盐还可以得到金属钠。金属钠质地柔软，在喷气式飞机和舰艇材料的制造上都要用到它。金属钠的过氧化物对解决高山和水下缺氧问题还有独特的作用。它能把人们呼出的二氧化碳吸收，同时又能放出人们需要的氧气。这就能解决深海潜水员、潜艇舱内人员的缺氧问题。潜水员在水下作业就不必带有"长气管的面具"，可以在水下进行较长时间的活动。由此可见，食盐在化学工业上是何等重要。

海水中含有大量的镁，它主要以氯化镁和硫酸镁的形式存在。大规模地从海水制取金属镁的工序并不复杂，将石灰乳加入海水，沉淀出氢氧化镁，注入盐酸，再转化成无水氯化镁，电解便可以得到金属镁。制造飞机和快艇的主要材料是铝镁合金。金属镁在这里起了重要作用。镁比铝还要轻，铝中"掺"上镁，就是制造飞机和快艇的既轻又坚固的材料。金属镁还可以做火箭的燃料。我们熟悉的信号弹、照明弹和燃烧弹，都要用到金属镁。近年来，金属镁在机械制造工业上，有代替钢、铝和锌等金属的趋势。有人说金属镁是金属中的"后起之秀"。这话不假，确实金属镁很有发展前途。

溴是一种重要的医用药品原料。大家熟悉的红药水，常用的青霉素、链霉素、普鲁卡因以及各种激素的生产都离不开溴。溴还有很多用处，用它制成的灭害药，可以消灭老鼠；制成的杀虫剂，可以消灭害虫；在工业上它还可以用来精炼石油，制造染料。地球上 99% 以上的溴都蕴藏在汪洋大海中，故溴还有"海洋元素"的美称。据计算，海水中的溴含量约 65 毫克/升，整个大洋水体的溴储量可达 100 万亿吨。

海水中碘的含量为 0.06 毫克/升，海洋中碘总储量共有 930 亿吨左右。这要比陆地上的储量还多。碘是人体不可缺少的元素之一，如果缺少了它，人就会得一种"粗脖子"病。如果给病人适当服用含碘药剂，就可以防病。碘在尖端科学和军事工业生产上有重要用途。碘是火箭燃料的添加剂。在精制高纯度半导体材料锗、钛、硅时要用到碘。此外，碘在照相、橡胶、染料工业方面也都有着重要作用。

核能是人类最具希望的未来能源。目前人们开发核能的途径有两条：一是重元素的裂变，如铀的裂变；二是轻元素的聚变，如氘、氚、锂等。

重元素的裂变技术，已得到实际性的应用；而轻元素聚变技术，也正在积极研究之中。可不论是重元素铀，还是轻元素氘、氚，在海洋中都有相当巨大的储藏量。

铀是高能量的核燃料，1千克铀可供利用的能量相当于燃烧2250吨优质煤。然而陆地上铀的储藏量并不丰富，且分布极不均匀。只有少数国家拥有有限的铀矿，全世界较适于开采的只有100万吨，加上低品位铀矿及其副产铀化物，总量也不超过500万吨，按目前的消耗量，只够开采几十年。而在巨大的海水水体中，却含有丰富的铀矿资源。据估计，海水中溶解的铀的数量可达45亿吨，相当于陆地总储量的几千倍。如果能将海水中的铀全部提取出来，所含的裂变能可保证人类几万年的能源需要。不过，海水中含铀的浓度很低，1000吨海水只含有3克铀。只有先把铀从海水中提取出来，才能应用。而要从海水中提取铀，从技术上讲是件十分困难的事情，需要处理大量海水，技术工艺十分复杂。但是，人们已经试验成功了很多种海水提铀的办法。

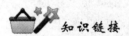

知识链接

　　海水中有的元素尽管含量很微小，但是由于海水量很大，所以总的储量相当可观。比如海水中含有的黄金，每升水中仅含有0.000004毫克，但是，海水中金的总储量却有600万吨。现在世界上从海水中提取量最大的金属镁，每年的产量还不到1立方千米的海水中储量的1/10。

波浪亦有用途

坐过海轮和到过海边的人，都会发现，辽阔的海洋几乎没有平静的时候，即使在风平浪静的日子里，大海也是微波涟漪，不会真正地静下来。至于惊涛骇浪，那种躁动的力量，则不得不令人叹服。

在美国西部太平洋沿岸的哥伦比亚河入海口附近，有一座高高的灯塔，旁边的小屋里住着一个灯塔看守人。1894 年 12 月的一天，一个黑色怪物突然击穿屋顶迅猛地掉了下来。吓坏了的看守人，哆哆嗦嗦地走近黑色怪物一看，原来是一块重达 64 千克的大石头。经过勘察和专家的细心研究，发现这块石头是被巨大的海浪卷到 40 米的高空后，又不偏不倚地砸到了看守人居住的小屋上，演出了飞石穿顶的惊险一幕。

海浪能有那么大的力气吗？海洋学家的回答：有。据测定，海浪拍岸时给海岸的冲击力每平方米可为 20～40 吨，大的甚至可为 50～60 吨。巨浪冲击海岸时，能激起 60～70 米高的浪花。在英国苏格兰的威克港，一次大风暴中，巨浪曾将 1370 吨重的混凝土块移动了 10 多米；斯里兰卡海岸上的一座高 60 米的灯塔，也曾经被印度洋袭来的海浪打坏；有人曾看到过一个巨大的海浪甚至把 13 吨重的巨石抛到 10 米高的空中。

在海上，波浪中的巨轮就像一个小木片上下漂荡。大浪可以倾覆巨轮，也可以把巨轮折断或扭曲。假如波浪的波长正好等于船的长度，当波峰在船中间时，船首船尾正好是波谷，此时船就会发生"中拱"。当波

峰在船头、船尾时，中间是波谷，此时船就会发生"中垂"。一拱一垂就像折铁条那样，几下子便把巨轮拦腰折断。20世纪50年代就发生过一艘美国巨轮在意大利海域被大浪折为两半的海难。

波浪能量如此巨大，自古吸引着沿海的能工巧匠们，想尽各种办法，企图驾驭海浪为人所用。最早的波浪能利用机械发明专利是由1799年法国人吉拉德父子获得的，在此后的一百多年时间里，英国登记了波浪能发明专利340项，美国为61项。早期海洋波浪能发电付诸实用的是气动式波力装置。道理很简单，就是利用波浪上下起伏的力量，通过压缩空气，推动汲筒中的活塞往复运动而做功。1910年，一名法国人在其海滨住宅附近建了一座气动式波浪发电站，供应其住宅1000瓦的电力。这个电站装置的原理：与海水相通的密闭竖管中的空气因波浪起伏而被压缩或抽空稀薄，驱动活塞做往复运动，再转换成发电机的旋转运动而发出电力。

有关专家估计，用于海上航标和孤岛供电的波浪发电设备有数十亿美元的市场需求。这一估计大大促进了一些国家波力发电的研究。20世纪70年代以来，英国、日本、挪威等国为波力发电研究投入大量人力物力，成绩也最显著。英国曾计划在苏格兰外海波浪场大规模布设"点头鸭"式波浪发电装置，供应当时全英所需电力。这个雄心勃勃的计划，后因装置结构过于庞大复杂导致成本过高而暂时搁置。70年代末期，日本研制成了一种大型海浪能发电船，并进行了海上试验。它能发出100～150千瓦的电能，而且具有远离海岸的电力传输装置。这艘发电船通常停泊在离岸3000米的海上，船长80米，宽12米，总重500吨，停泊海域的水深为42米，在船的内室里，安装了几台海浪发电装置。目前，世界上已有几百台海浪发电装置投入运行，但它们的发电能力都比较小，需要进一步研究。

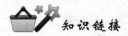
知识链接

　　波浪虽然只是海水质点在原地的圆周运动，但它那一起一伏的运动能量也是巨大的。有人计算，1平方千米海面上的波浪能可以达到25万千瓦的功率。利用海浪发电，既不消耗任何燃料和资源，又不产生任何污染，因而是一种亟待开发利用的现代新型能源。

蓝色革命

　　海洋捕捞业是把海洋中野生的动物和植物捕捉到或采集上来供人类享用。这种生产方式与古代人类在森林里和草原上打猎、采摘野果的方式本质上没有什么两样。如果仅仅停留在这种状态，不管海洋生物资源多么丰富，也不能满足人类日益增长的需要，更不用说依赖海洋解决未来人类的食物供应了。值得庆幸的是，现代渔业正在实现由天然采捕向农牧化的转变。海洋渔业农牧化就是从海洋生物的繁殖、饲养、生长到收获的渔业生产的全过程，完全由人工控制，就像耕种田地、饲养畜禽、放牧牛羊一样。这种对传统渔业的改造，被称为"蓝色革命"。

　　日本最早提出建设海上农牧场，1980年起便开始实施一项为期9年"海洋腾飞计划"，大力发展海水养殖业，20世纪80年代末养殖产量已超过200万吨，居世界首位。美国在20世纪80年代也投资10多亿美元建立了一个10万亩的海洋农牧场。苏联虽以远洋渔业为主，但也不放松海水养殖业，在里海和亚速海投放鲟鱼幼体，长大后将其回捕，还在远东沿海建立牡蛎、扇贝等养殖场。其他国家在此期间也掀起发展海水养殖业热。我国近来也注意实施海水养殖，并已成为世界养虾大国。

　　现在有的国家正把许多高新技术用于鱼类品种的改良上。例如利用遗传基因工程技术，培育、改良鱼虾贝藻的种苗和幼仔，使其成长快、生命力强、肉质好。1984年美国通过基因重组技术，使贝类、鲍鱼的养殖产量提高了25％。根据所发现的几种鱼类的生长激素基因，进行了基

趣味地球科学故事

因分离和转移实验，1986年成功地将虹鳟鱼生长激素基因转移到鲇鱼中，使鲇鱼养殖周期缩短一半以上。从南极鱼类中分离抗冻基因，将其转移到大西洋鲑鱼中，增加了鲑鱼的抗寒能力，扩大了其养殖地区。利用细胞工程进行鱼类性别控制研究，培养出全雌性鲑鱼和对虾、全雄性罗非鱼等，这对于进行大量人工育种有重大意义。目前正在研究通过控制遗传基因使具有洄游习性的某种鱼，能对声波和光线做出反应，以便对其进行科学管理。

除了进行品种改良外，人们还把高新技术用于建设海洋农牧场中，建立人工鱼礁便是一例。它是为鱼类建立舒适的家，以吸引更多鱼类到这里来栖息繁衍。人工鱼礁就是把石块、水泥块、废旧车辆、废旧轮胎等以各种方式堆放在海底，以造成海洋生物喜欢的环境，微小的海洋生物和海藻会附着它上面，为鱼类提供丰富的饵料。另外，突出于海底的人工鱼礁，会使海水从底部流向上层，把海底营养丰富的海水带上来增加其肥性，以吸引鱼儿的到来。

学科展望

　　随着人口的增加和工业的发展，人均耕地面积正在逐渐缩小。全世界都在关心地球如何养活人类的问题，其着眼点不能只局限于进一步发展陆地上的农牧业，也要积极开发利用广阔的海洋。海洋中蕴藏着丰富的生物资源，不仅可以建立海上农牧场来进行海水养殖，而且还有许多有待于我们去开发的用途。

令人叹为观止的地热能

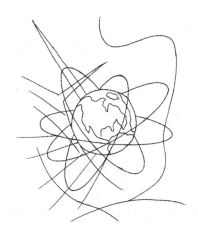

　　地球和人一样，也有自己的"体温"。根据现代科学的研究成果可知，地球内部是个高温体。从很深的矿井和钻孔得到的资料表明，地球深处的温度是随着深度增加而增高的。从地壳深处冒出的温泉，水温可高达百度；而从地幔喷出的岩浆，温度则高达千度。我们把每深入地下100米，地温增加的度数，即温度随深度增加的变化速度叫做"地温梯度"。在不同地区，地温梯度有所不同。在我国华北平原，每深入100米，温度增高3～3.5℃；在欧洲大部分地区，每深入100米，温度增高2.8～3.5℃。

　　地球蕴藏着这么多的热量，如果用它发电、取暖，造福人类，岂不是天大的好事？这的确是很诱人的课题，目前很多国家已把开发地热能列入日程。但是，地球不是到处都能随便开发的，因为具有利用价值的地热太深了。地热必须经过某种地质过程加以集中，距地面较浅，温度较高时才有开发价值，才能称其为"地热资源"。

　　温泉、火山就是地热在地表集中释放的现象。地下热水是由于地面的冷水渗入很深的地下，遇到浅层灼热岩体被烤热后，又沿着某些地壳裂缝冒出地表而形成的。在目前的条件下，人们主要是利用地下浅层热

151

水，至于对火山热能的利用那还是很遥远的事。

冰岛是因利用地热而闻称于世的国家。公元9世纪时，人们乘船驶近现在的冰岛首都，远远就看到这个地方的海湾沿岸升起缕缕炊烟，就以为那里一定有人居住。于是就把这个地方命名为"雷克雅未克"，即"冒烟的海湾"的意思。谁知等他们到岸上时，既没看到村落和农舍的炊烟，也没有见到任何人，而是只见许多温泉在不断喷出股股热气腾腾的水柱。从此，"雷克雅未克"的美名就流传了下来。现在，冰岛人不但用温泉洗澡，还用热泉、蒸汽泉为居民取暖，有时还用温泉地热建造温室种菜、种水果和花卉。温室中有黄瓜、西红柿及热带生长的香蕉；咖啡和橡胶在这里也生长茂盛。温泉游泳池更是遍及冰岛的城镇和乡村。即使在白雪皑皑的冬季，游泳池也温暖如春。到20世纪，冰岛人开始利用地热发电。

我国利用地热的历史十分悠久。远在西周时，周幽王就在陕西省临潼县骊山脚下的温泉区，修建了"骊宫"。秦始皇时，又用石头砌筑屋宇，取名"骊山汤"，供洗澡沐浴用。汉武帝时，又在"骊宫"和"骊山汤"的基础上修葺扩建成离宫。公元671年，唐高宗李治又把它改名为"温泉宫"。公元747年后改名为华清宫，又名"华清池"。历代王朝在这里大兴土木，就是看中了骊山这个温泉宝地。原来，骊山温泉的水温常年保持在43℃左右，几处泉眼每小时流出的泉水达112吨，最适于人们洗澡沐浴，而且兼有治病的作用。在温泉水源西侧的墙壁上，镶有北魏时雍州刺史元苌写的"温尔颂"碑。大意是说，不论疮癣炎肿，只要长期用这里的温泉洗浴，都可以康复如初。新中国成立后，华清池修饰一新，又新建了好几处男女温泉浴池供人们沐浴之用。洗温泉浴可以说是地热的最直接和原始的应用。

骊山温泉仅是我国丰富的地热资源中一朵小小的奇葩。地热实际上遍布全国。在青藏高原，沿着念青唐古拉山麓向东延伸，是我国地热资源最丰富的地带，地热工作者叫它"喜马拉雅地热带"。在这个地带上已发现400多处多姿多彩的地热活动。除有热气腾腾的热泉和热水湖以及水温高达沸点的沸泉和热喷汽孔外，还有世界上罕见的热间歇泉和水热爆炸等奇妙景象。其中最引人注目的是位于拉萨西北的羊八井盆地，水温高达沸点的热泉很多，有的地面烫得不能坐人，用钢钎向地下只要钻几十厘米深，就会呼呼地冒出蒸汽。当地人称它是念青唐古拉山神的炉灶。现在，那里已经建起了我国第一座湿蒸汽型发电站。

学科展望

据计算，地球自身每年散出的热量，相当于燃烧 370 亿吨煤的热量，这个数字是目前世界产煤量的 12 倍。还有人估计，在地下 10 千米深的范围内蕴藏的热量相当于目前世界年产煤所含热量的 2000 倍。这些地热能源正等待我们去开发利用，以节约其他能源。